新农村建设丛书

农村建材与工程施工

主编　宋学东

副主编　任淑霞　刘念华

中国建筑工业出版社

图书在版编目(CIP)数据

农村建材与工程施工/宋学东主编. —北京：中国建筑工业出版社，2010
（新农村建设丛书）
ISBN 978-7-112-10597-7

Ⅰ. 农… Ⅱ. 宋… Ⅲ. ①农村住宅－建筑材料－基本知识②农村住宅－建筑工程－工程施工－基本知识 Ⅳ. TU5 TU745. 5

中国版本图书馆 CIP 数据核字（2008）第 211032 号

新农村建设丛书
农村建材与工程施工
主编 宋学东
副主编 任淑霞 刘念华
*
中国建筑工业出版社出版、发行（北京西郊百万庄）
各地新华书店、建筑书店经销
北京华艺制版公司制版
北京市彩桥印刷有限责任公司印刷
*
开本：850×1168 毫米 1/32 印张：7¾ 字数：223 千字
2010 年 7 月第一版 2010 年 7 月第一次印刷
定价：**18.00** 元
ISBN 978-7-112-10597-7
（17522）

本书从社会主义新农村建设角度，系统介绍了新农村建设中各种建筑材料的选用和施工技术。主要内容包括建筑材料和工程施工两大部分。在建筑材料部分主要介绍普通建筑材料、建筑装饰材料的选用，对绿色建材在农村的使用也作了一定的阐述；在工程施工部分主要介绍地基与基础、砌体、混凝土结构、防水等常规工程的施工方法，对农村常见的装饰工程、楼地面工程的施工方法也做了较为系统的介绍。

本书突出实用，是农村建筑施工的工具书。

* * *

责任编辑：刘　江　张礼庆
责任设计：赵明霞
责任校对：兰曼利　关　健

《新农村建设丛书》委员会

王福臣　黑龙江省拜泉县富强镇公平村一组村民

丛书主编

徐学东　山东农业大学村镇建设工程技术研究中心主任、教授

丛书主审

高　潮　住房和城乡建设部村镇建设专家委员会委员、中国建筑设计研究院研究员

丛书编委会（按姓氏笔画为序）

丁晓欣　卫　琳　牛大刚　王忠波　东野光亮　白清俊
米庆华　刘福胜　李天科　李树枫　李道亮　张可文
张庆华　陈纪军　陆伟刚　宋学东　金兆森　庞清江
赵兴忠　赵法起　段绪胜　徐学东　高明秀　董　洁
董雪艳　温凤荣

本丛书为“十一五”国家科技支撑计划重大项目“村镇空间规划与土地利用关键技术研究”研究成果之一（项目编号2006BAJ05A0712）

·丛书序言·

建设社会主义新农村是我国现代化进程中的重大历史任务。党的十六届五中全会对新农村建设提出了“生产发展、生活宽裕、乡风文明、村容整洁、管理民主”的总要求。这既是党中央新时期对农村工作的纲领性要求，也是新农村建设必须达到的基本目标。由此可见，社会主义新农村，是社会主义经济建设、政治建设、文化建设、社会建设和党的建设协调推进的新农村，也是繁荣、富裕、民主、文明、和谐的新农村。建设社会主义新农村，需要国家政策推动，政府规划引导和资金支持，更需要新农村建设主力军——广大农民和村镇干部、技术人员团结奋斗，扎实推进。他们所缺乏的也正是实用技术的支持。

由山东农业大学徐学东教授主持编写的《新农村建设丛书》是为新农村建设提供较全面支持的一套涵盖面广、实用性强，语言简练、图文并茂、通俗易懂的好书。非常适合当前新农村建设主力军的广大农民朋友、新农村建设第一线工作的农村技术人员、村镇干部和大学生村官阅读使用。

山东农业大学是一所具有百年历史的知名多科性大学，具有与农村建设相关的齐全的学科门类和较强的学科交叉优势。在为新农村建设服务的过程中，该校已形成一支由多专业专家教授组成，立足农村，服务农民，有较强责任感和科技服务能力的新农村建设研究团队。他们参与了多项“十一五”科技支撑计划课题与建设部课题的研究工作，为新农村建设作出了重要贡献。该丛书的出版非常及时，满足了农村多元化发展的需要。

住房和城乡建设部村镇建设司司长　李兵弟

2010年3月26日

·丛书前言·

建设社会主义新农村是党中央、国务院在新形势下为促进农村经济社会全面发展作出的重大战略部署。中央为社会主义新农村建设描绘了“生产发展、生活宽裕、乡风文明、村容整洁、管理民主”的美好蓝图。党的十七届三中全会，进一步提出了“资源节约型、环境友好型农业生态体系基本形成，农村人居和生态环境明显改善，可持续发展能力不断增强”的农村改革发展目标。中央为建设社会主义新农村创造了非常好的政策环境，但是在当前条件下，建设社会主义新农村，是一项非常艰巨的历史任务。农民和村镇干部长期工作在生产建设第一线，是新农村建设的主体，在新农村建设中他们需要系统、全面地了解和掌握各领域的技术知识，以把握好新农村建设的方向，科学、合理有序地搞好建设。

作为新闻出版总署“十一五”规划图书，《新农村建设丛书》正是适应这一需要，针对当前新农村建设中最实际、最关键、最迫切需要解决的问题，特地为具有初中以上文化程度的普通农民、农村技术人员、村镇干部和大学生村官编写的一套大型综合性、知识性、实用性、科普性读物。重点解决上述群体在生活和工作中急需了解的技术问题。本丛书编写的指导思想是：以倡导新型发展理念和健康生活方式为目标，以农村基础设施建设为主要内容，为新农村建设提供全方位的应用技术，有效地指导村镇人居环境的全面提升，引导农民把我国农村建设成为节约、环保，卫生、安全，富裕、舒适，文明、和谐的社会主义新农村。

本丛书由上百位专家教授在深入调查的基础上精心编写，每一分册侧重于新农村建设需求的一个方面，丛书力求深入浅出、语言简练、图文并茂。读者既可收集丛书全部，也可根据实际需求有针对性地选择阅读。

由于我们认识水平所限，丛书的内容安排不一定能完全满足基层的实际需要，缺点错误也在所难免，恳请读者朋友提出批评指正。您在新农村建设中遇到的其他技术问题，也可直接与我们中心联系（电话 0538－8249908，E-mail：zgczjs@126.com），我们将组织相关专家尽力给予帮助。

山东农业大学村镇建设工程技术研究中心　徐学东

2010 年 3 月 26 日

本书前言

新农村建设总体目标是“生产发展、生活宽裕、乡风文明、村容整洁、管理民主”，其硬件建设内容包括村镇规划、民居建设、公共基础设施、农村水利四个方面，而所有这些建设内容都离不开建筑材料与工程施工技术。本书是新农村建设丛书之一，作为基础知识服务于新农村建设的各项内容。

本书列入国家新闻出版总署“十一五”规划，根据广大农民、村镇干部及其他从事新农村建设工作人员的需求进行编写的。

本书共分八章，第一章介绍普通建筑材料，包括“三材”在内的一般材料、防水材料的选用和建筑砂浆、混凝土的配制；第二章介绍建筑装饰材料，侧重农村市场以及如何选用；第三章介绍绿色建材的使用现状和发展方向，侧重适于农村使用的绿色建材；第四章主要介绍基坑（槽）的开挖方法和地基处理的一般方法；第五章介绍砌体工程的施工方法和脚手架的搭设方法以及常用的施工机械；第六章系统介绍混凝土结构工程施工工艺；第七章主要介绍屋面防水和地下防水工程的施工工艺及做法；第八章介绍常见的装饰工程、楼地面工程的一般施工方法。

参加本书编写的有山东农业大学宋学东（第五、六、七章）、任淑霞（第一、二、三章）、刘忠华（第八章）、王增奇（第四章）。参加本书编写的吉林建筑工程学院周佳、谢明辉、丁晓敏。全书由宋学东统一修改、编撰、定稿。

根据本书的读者对象，本书编写在语言上力求简练、通俗、易懂，突出实用，根据农村建设的发展在介绍一般建筑材料选用和施工方法的同时，增加了建筑装饰材料的选用和施工方法，对绿色建材在农村的使用也作了一定的阐述，使读者能够根据本书在农村各项建筑活动中合理选用各种建筑材料，并能组织各项工程的施工。

本书的读者对象为农民、乡（镇）施工企业技术人员和农村建筑队技术负责人，也可供农村施工技术人员培训使用。

由于编者水平所限，书中难免有不足之处，敬请读者批评指正。

目　录

第一章　普通建筑材料

第一节　木　　材

木材与水泥、钢材被称为三大建筑材料，它是人类最早使用的建材，由于其性能优越，仍然被广泛应用于建筑工程中。

一、木材的种类

1．按树叶分类

木材的树种很多，按树叶的不同，可分为针叶树和阔叶树两大类。

针叶树的树叶如针状或鳞片状，树干通直而高大，枝杈较小、分布较密，易得大材；其纹理较平顺，材质较均匀。大多数针叶树的木质较软而易于加工，所以又称为“软木材”。这类木材强度比较高，胀缩变形比较小，耐腐蚀性较强，是建筑工程中的主要用材，多用作承重构件和门、窗、地板等。我国常用树种有红松、落叶松、云杉、冷杉、杉木、柏木等。

阔叶树的树叶多数宽大，叶脉呈网状，树干通直部分一般较短，枝杈较大、数量较少，材质较硬、较难加工，所以又称为“硬木材”。大部分阔叶树的表观密度较大，胀缩、翘曲变形较大，容易开裂。建筑工程中常用于尺寸较小的构件，有些树种具有天然而美丽的纹理，适于作内部装修、家具及胶合板等。常用树种有榆木、水曲柳、柞木、核桃木、槐木、桑木等。

2．按加工程度和用途分

木材按加工程度和用途，可分为原条、原木、锯材等三类。

原条是指已经去掉皮、根及树梢，未按一定尺寸加工的木材。在建筑工程中用作脚手架及其他建筑用材。

原木是指原条按规定的尺寸加工成规定直径及长度的木材。在建筑工程中用作屋架、檩条和木柱等；加工原木还可以制作胶合板用于室内装修。

锯材是指已经加工的木料，凡是宽度为厚度3倍和3倍以上的称为板材，不足3倍的称为方材。常用锯材按其厚度分为薄板、中板、厚板等，在建筑工程中用作地板、门窗、天花板等。

二、木材的合理使用

树木的生长周期长，我国木材资源十分缺乏，必须科学合理地使用木材、节约木材，根据已有木材的树种、等级、材质等情况，真正做到大材不小用、好材不零用，想尽千方百计提高木材的耐久性和利用率。

综合利用木材的重要途径，是如何充分利用小规格材和碎材、废材，生产出各种人造板材。在建筑上常用的人造复合板材有：胶合板、硬质纤维板、刨花板、木丝板、木屑板、细木工板、改性木材等。

1. 胶合板

胶合板又称层压板，它是用原木沿着年轮用镟刀机切成大张薄片，经过干燥处理后，再用胶粘剂按奇数层数，以各层纤维互相垂直的方向，粘合热压而制成的人造板材。胶合板一般为3~13层，建筑工程上常用的是三合板、五合板、七合板。

胶合板是人造板材中应用量最大的一种，特点是强度及变形分布均匀、无翘曲开裂、无疵病、幅面大、使用方便；可广泛用作室内的隔墙板、地板、护壁板、天花板、门面板以及家具和装修。

2. 纤维板

纤维板是将树皮、刨花、树枝等废料，经过破碎、浸泡、研磨成木浆，再加入胶粘剂或利用木材本身的胶粘物质，再经过热压成型、干燥处理而制成的人造板材。根据成型温度和压力的不同，可分为硬质纤维板、半硬质纤维板和软质纤维板三种。建筑上常用的是硬质纤维板，可代替普通木板用于门板、家具、装修等。

硬质纤维板材质均匀，各向强度一致，不产生胀缩、翘曲和开裂，无木节，不腐朽，无虫眼等缺陷，具有一定的绝缘性能，木材利用率可达 90% 以上。

3. 刨花板、木丝板、木屑板

刨花板、木丝板、木屑板是利用木材加工中产生的大量刨花、木丝、木屑、短小废料等为原料，经干燥后与胶料搅拌均匀，加压成型，再经热处理而制成的一种人造板材。这类板材强度较低、孔隙率较大，主要用作绝热和吸声材料。如果经过饰面处理后，可以用于吊顶板材和隔断板材等。

4. 细木工板

细木工板属于胶合板的一种，其芯板是用木板条拼接而成，两个表面胶结一层或二层木质单板。细木工板具有吸声、绝热、质坚、易加工等特点，主要适用于家具、车厢和建筑室内装修等。

三、木材的防腐、防火处理

1. 木材的腐朽

木材的腐朽是由一种低等植物真菌的寄生而引起的。侵害木材的真菌常见的有：变色菌、霉菌和腐朽菌三类。前两类对木材的强度影响较小，而腐朽菌能使木材腐朽而严重降低材质和强度。真菌在木材中的生存和繁殖必须同时具备以下三个条件：适当的水分、空气和温度。当木材的含水率在 35%～50%、温度在 25℃～30℃，又有足够的空气时，最适宜真菌的繁殖，木材最容易腐朽。浸没水中或深埋地下的木材，因缺氧而不易腐朽，俗语有“水浸千年松”之说。

2. 木材的防腐

木材的防腐就是消除真菌的生长条件，可采用以下三种防腐处理方法。

第一种是采用干燥处理，即将木材的含水率控制在 20% 以下，并在设计和施工中采取各种防潮和通风措施，以保证木材经常处于干燥状态。

第二种是表面处理，即在木材的表面涂刷一层耐水性好的涂料，涂料本身无杀菌杀虫能力，但涂刷涂料可在木材表面形成完整而坚韧的装饰保护膜，这样既能防止水分和空气的侵入，又能阻止真菌和昆虫的侵入。

第三种是防腐剂法，即通过涂刷或浸渍防腐剂使木材含有有毒物质，以起到防腐和杀虫的作用。木材常用的防腐剂有：水剂的（如氯化钠、氯化锌、硫酸铜、硼酚合剂等）、油剂的（如林丹五氯酚合剂等）和乳剂的（如氟化钠沥青膏浆等）。防腐剂注入方法主要有表面涂刷法、常温浸渍法、冷热槽浸透法和压力渗透法等。

3. 木材的防火

木材属于木质纤维材料，容易燃烧发生火灾。木材的防火就是将木材经过化学处理后变成难燃的材料，以达到遇小火能自熄，遇大火能延缓燃烧的蔓延。防火的方法多用阻燃剂，通常有两种方法：表面涂敷法和溶液浸渍法。

表面涂敷法就是在木材的表面涂敷一层防火涂料，使其能起到防火、防腐和装饰作用。这种方法施工简单、投资少，但木材内部的防火效果较差。常用的木材防火涂料有溶剂型防火涂料和水乳型防火涂料两大类。

对木材进行防火溶液浸渍处理可分为常压浸渍法和加压浸渍法两种。后者由于施加一定压力，阻燃剂浸入深度高于常压浸渍法，其阻燃效果较好。

第二节　石灰与水泥

一、石灰的选用

石灰是人类较早使用的一种材料。因其原材料来源广，生产工艺简单，使用方便，成本低廉，一直被广泛应用于建筑工程中。

1. *石灰的分类与要求*

石灰是一种白色或灰白色的块状物质，主要成分为氧化钙，其次是氧化镁。块状的石灰磨细可制成生石灰粉。石灰中均匀加入适量的水（一般为石灰质量的60%~80%），可得到颗粒细小、分散均匀的消石灰粉。石灰中加入过量的水（一般为石灰质量的2.5~3倍）通过筛网流入储灰坑，经沉淀并除去上层水分后称为石灰膏。石灰膏在储灰坑中需要放置两周以上才可使用，称为“陈伏”。陈伏期间石灰膏表面应留一层水分。

石灰和生石灰粉分为钙质生石灰（氧化镁含量≤5%）和镁质生石灰（氧化镁含量>5%）两类。消石灰粉分为钙质消石灰粉（氧化镁含量<4%）、镁质消石灰粉（氧化镁含量≥4%、<24%）和白云石消石灰粉（氧化镁含量≥24%、<30%）三类。它们按技术指标又可分为优等品、一等品、合格品三个等级。

通常优等品、一等品适用于饰面层和中间涂层；合格品仅用于砌筑。

2. *石灰的应用*

（1）制作石灰乳涂料和砂浆

将消石灰粉或石灰膏加入过量的水搅拌稀释可制成石灰乳涂料，其价格低廉、施工方便，主要用于建筑物内墙和顶棚刷白，农村也可用于外墙。

石灰膏或消石灰粉可以用于配制石灰砂浆和水泥石灰砂浆，主要用作砌筑砂浆和抹灰砂浆。

（2）配制灰土与三合土

消石灰粉或生石灰粉按一定比例混合，可配制成灰土；如在灰土中加入适量的砂石或炉渣、碎砖等可配制成三合土。灰土和三合土在夯实或压实后获得一定的强度和耐久性，可用作建筑物基础、路面和地面的垫层或简易地面。

（3）生产硅酸盐制品

将消石灰粉或生石灰粉与硅质材料（如砂、粉煤灰、矿渣等）为主要原料，经配料、拌和、成型、蒸汽或蒸压养护等工序可制成密实或多孔的硅酸盐制品。常用的有灰砂砖、粉煤灰砖、粉煤灰砌块等，主要用作墙体材料。

（4）生产碳化石灰板

将生石灰粉与纤维状材料（如玻璃纤维）和轻质骨料（如炉渣）加水搅拌、成型，然后用二氧化碳进行人工碳化，可制成轻质碳化石灰板。它的保温隔热性能好，可锯、可钉，一般用于非承重内隔墙板、天花板等。

3. *石灰的运输与储存*

石灰吸水性、吸湿性极强，储存时要防止受潮，而且不宜放置太久，因为石灰容易与空气中的水分和二氧化碳发生反应生成其他物质而失去胶结能力。另外，石灰和水反应时放出大量热并伴随着体积膨胀，因此不宜与易燃易爆的液体及气体共存、共运，以免发生火灾和引起爆炸。最好是将石灰运到工地立即制成石灰膏，把储存期变为陈伏期。

二、水泥的选用

水泥呈浅灰色粉末状，是最重要的建筑材料之一，不但大量应用于工业与民用建筑工程中，还广泛用于水利、道路、海港和国防建设等工程中，主要用于配制混凝土和砂浆。

1. *水泥的品种与强度*

水泥品种很多，一般的工程中主要使用硅酸盐水泥、普通硅酸盐水泥、矿渣硅酸盐水泥、火山灰质硅酸盐水泥、粉煤灰硅酸盐水泥和复合硅酸盐水泥等六种通用水泥。其中硅酸盐水泥是最基本的。水泥强度是指水泥胶结能力的大小，是评价水泥质量的重要指标，也是划分水泥强度等级的依据。

硅酸盐水泥分为两类，不掺矿渣或石灰石的为Ⅰ型硅酸盐水泥，代号P·Ⅰ；掺矿渣或石灰石不超过5%的为Ⅱ型硅酸盐水泥，代号P·Ⅱ。硅酸盐水泥分为42.5、42.5R、52.5、52.5R、62.5、62.5R六个等级，其中代号R表示早强型水泥。它凝结硬化快，强度高，主要用于强度等级要求高的重要混凝土结构中；而且硅酸盐水泥具有优良的抗冻性，适用于冬季施工及严寒地区的工程；硅酸盐水泥的耐磨性也好，可用于路面与地面工程中。

普通硅酸盐水泥的代号是P·O，性质与应用和硅酸盐水泥基本类同。普通硅酸盐水泥分为42.5、42.5R、52.5、52.5R四个等级。

矿渣硅酸盐水泥分为两类，矿渣掺量大于20%且小于等于50%的代号为P·S·A；矿渣掺量大于50%且小于等于70%的代号为P·S·B。矿渣水泥适用于有耐热耐火要求的混凝土工程中；不适用于早期强度要求高的及有抗冻要求的工程。

火山灰质硅酸盐水泥的代号是P·P，适用于有抗渗要求的混凝土工程中；不适用于处在干燥环境中的混凝土工程，其他同矿渣水泥。

粉煤灰硅酸盐水泥的代号是P·F，适用于抗裂性要求较高的结构；不适用范围同矿渣水泥。

复合硅酸盐水泥的代号是P·C，其性能及应用和矿渣水泥、火山灰水泥、粉煤灰水泥相近。

以上四种水泥分为32.5、32.5R、42.5、42.5R、52.5、52.5R六个等级。

2. 水泥的运输与储存

水泥在运输和储存过程中，应注意防水防潮。不同品种、不同强度等级和出厂日期的水泥应分别运输和储存，以免混杂。散装水泥应分别存放，袋装水泥堆放高度应不超过10袋。水泥使用时应先存先用，有效存放期不应超过3个月，超过6个月的水泥强度降低很多，应按实际强度使用。

第三节 建筑钢材

建筑钢材是指在建筑工程中使用的各种钢材，主要包括钢结构所用的各种型材（如圆钢、角钢、工字钢、槽钢、钢管）和板材，以及混凝土结构所用的钢筋、钢丝和钢绞线等。

一、钢筋的选用

钢筋是建筑工程中用量最大的钢材品种之一。按直径大小把钢筋分为钢丝（直径3~5mm）、细钢筋（直径6~12mm）、粗钢筋（直径大于12mm）；按化学成分可分为碳素钢钢筋和普通低合金钢钢筋；按生产工艺可分为热轧钢筋、冷拉钢筋、冷拔钢丝、碳素钢丝、刻痕钢丝及钢绞线等。钢厂按直条或盘条供货。

1. 热轧钢筋

混凝土结构用热轧钢筋采用低合金钢热轧而成，横截面通常为圆形，表面带有两条纵肋和沿长度方向均匀分布的横肋。其含碳量为0.17%~0.25%，主要合金元素有硅、锰、钒、铌、钛等，有害元素硫和磷的含量应控制在0.045%以下。其牌号有HRB335、HRB400、HRB500三种（数字表示钢筋的屈服强度为335MPa、400MPa、500MPa）。

2. 冷轧带肋钢筋

冷轧带肋钢筋是热轧盘圆条经冷轧或冷拔减径后，在其表面冷轧成二面或三面有肋的钢筋。经过如此处理后，可大大增加钢筋与混凝土的握裹力。

冷轧带肋钢筋共有5个牌号：CRB550、CRB650、CRB800、CRB970和CRB1170（数字表示钢筋的抗拉强度值不小于550MPa、650MPa、800MPa、970MPa、1170MPa），其中只有CRB550是用于非预应力混凝土的，其余是预应力混凝土使用的。

3. 冷拉钢筋和冷拔钢丝

为了提高钢筋的强度，达到节约钢材、降低造价的目的，通常采用冷拉或冷拔等加工工艺。冷拉钢筋是用热轧钢筋进行冷拉而制得，分为Ⅰ、Ⅱ、Ⅲ和Ⅳ级，后三种钢筋可作为预应力筋。冷拔钢丝是用直径6.5~8mm的碳素结构钢筋冷拔而制得，按其用途不同分为甲、乙两级，甲级用于预应力筋，乙级用于焊接骨架、箍筋和构造钢筋。

4. 预应力钢丝

混凝土用优质钢丝是高碳钢盘条经淬火、酸洗、冷拔等工艺加工而成的高强的钢丝。其强度高、柔性好，可适用于大型构件等。使用钢丝可节省钢材，施工方便，安全可靠，但成本较高。该种钢丝按加工状态分为冷拉钢丝和消除应力钢丝两类。消除应力钢丝按松弛性能不同，又可分为低松弛级钢丝和普通松弛级钢丝，其代号分别为：冷拉钢丝为 WCD、低松弛级钢丝为 WLR、普通松弛级钢丝为 WNR。

钢丝按外形不同，可分为光圆、螺旋肋和刻痕三种，其代号分别为：光圆钢丝为 P、螺旋肋钢丝为 H、刻痕钢丝为 I。经低温回火消除应力后钢丝的塑性比冷拉钢丝要高，刻痕钢丝是经压痕轧制而成，刻痕后与混凝土的握裹力增大，可减少混凝土裂缝。

5. 预应力混凝土用钢绞线

预应力混凝土用钢绞线是由 2 根、3 根或 7 根直径为 2.5～5.0mm（毫米）的高强碳素钢丝绞捻后消除内应力而制成。预应力混凝土用钢绞线强度高，柔性好，主要用大负荷的预应力大跨度结构。

二、型钢的选用

型钢是由钢锭在加热条件下加工而成的不同截面的钢材。钢结构构件一般直接选用各种型钢，构件的连接方式有铆接、螺栓连接及焊接。品种主要有：热轧型钢、冷弯薄壁型钢、钢板等。

1. 热轧型钢

在工程上常用的热轧型钢有圆钢、方钢、扁钢、六角钢、角钢、工字钢、槽钢等。常见的各种型钢如图 1-1 所示。

（1）圆钢

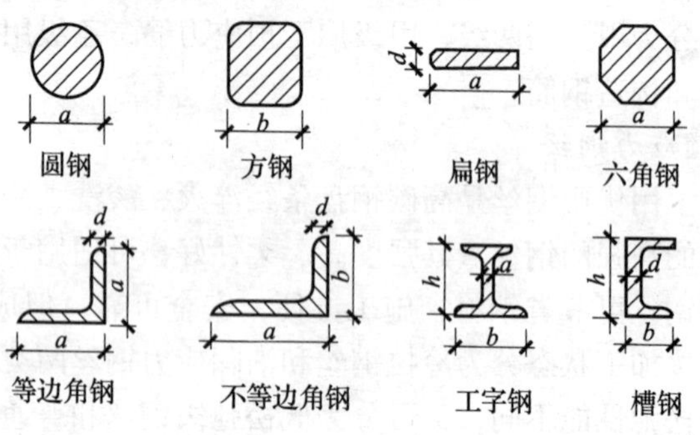

图 1-1　型钢的断面形状

其规格用直径（mm）表示，主要用于钢筋、铆钉、螺栓及各种机械零件等。

（2）方钢

其规格是以边长（mm）表示，主要用于各种钢结构、螺栓柱、螺帽、钢筋及各种机械零件等。

（3）扁钢

其断面呈矩形，规格用厚度（mm）×宽（mm）表示。常用作薄板坯、工具、机械零件、桥梁、建筑上的桁架等。

（4）六角钢

其规格以对边距离来表示，主要用于制作螺帽、钢钎和起重撬棍等。

（5）角钢

又名角铁，分等边角钢和不等边角钢两种。等边角钢的规格用边宽（mm）×边宽（mm）×厚度（mm）来表示，如 100×100×10 为边宽 100mm、厚度 10mm 的等边角钢。不等边角钢的规格用长边宽（mm）×短边宽（mm）×厚度（mm）来表示，如 100×80×8 为长边宽 100mm、短边宽 80mm、厚度 8mm 的不等边角钢。

角钢是结构中最基本的钢材，可作单独构件，亦可组合使用，广泛用于房屋、机械构件、装饰骨架、装饰构件等。

（6）工字钢

普通工字钢其规格用腰高度（cm）来表示，也可以用“腰高度（mm）×腿宽度（mm）×腰宽度（mm）”表示，如30号表示腰高为300mm的工字钢。20号和32号以上的普通工字钢，同一号数中又分a、b和a、b、c类型。其腹板厚度和翼缘宽度均分别递增2mm，其中a类腹板最薄、翼缘最窄，b类较厚、较宽，c类最厚、最宽。

我国生产的最大普通工字钢为63号，工字钢的通常长度为5~19m。工字钢广泛用于厂房、桥梁、船舶及建筑结构构件等。

（7）槽钢

热轧普通槽钢以腰高度的厘米数编号，也可以用“腰高度（mm）×腿宽度（mm）×腰厚度（mm）”表示。规格从5~40号有30种，14号和25号以上的普通槽钢同一号数中，根据腹板厚度和翼缘宽度的不同，也可分为a、b或a、b、c类型，其腹板厚度和翼缘宽度均分别递增2mm。槽钢翼缘内表面的斜度较工字钢为小，紧固螺栓比较容易。我国生产的最大槽钢为40号，长度为5~19m。

2. 冷弯薄壁型钢

在建筑工程中使用的冷弯型钢，常用厚度为1.5~6mm的薄钢板或钢带（一般采用碳素结构钢或低合金结构钢）经冷轧（弯）或模压而成，因而称为冷弯薄壁型钢。有角钢和槽钢等开口薄壁型钢及方形、矩形等空心薄壁型钢，主要用于轻型钢结构。冷弯型钢由于壁薄、刚度较好，能高效地发挥材料的作用，节约大量钢材。

3. 钢板

钢板按轧制方式可分为热轧钢板和冷轧钢板两类；按厚度划分的大致界限及其规格为：① 薄钢板：一般用冷轧法轧制，厚度为0.35~4mm，宽度为500~1800mm，长度为0.4~6m。② 厚钢板：厚度为4.5~6.0mm，宽度为700~3000mm，长度为4~12m。③ 特厚钢板：其厚度均大于6.0mm，宽度为600~

3800mm。钢板规格的表示方法为：宽度（mm）×厚度（mm）×长度（mm）。

薄钢板有镀锌的（称白铁皮）和不镀锌的（称黑铁皮）两种。镀锌铁皮，其防锈能力强，可作落水管及通风管道等。黑铁皮在建筑工程中大量用作屋面板、零配件、平台、走道等。薄钢板还可用作水槽、贮料缸、料仓等。

4. 压型钢板

薄钢板经冷压或冷轧成波形、双曲形、V型等形状，称为压型钢板。特点是：质量轻、强度高、抗震性能好、施工快、外形美观等。主要用于围护结构、楼板、屋面等。

三、钢材的防锈处理

钢材在使用过程中，经常与环境中的各种介质接触，其中的铁与介质发生化学反应，使钢材逐步腐蚀而破坏，称为钢材的锈蚀。钢材锈蚀时体积膨胀、材质降低甚至报废，而且除锈工作耗费很大。

根据钢材表面与周围介质的不同作用，锈蚀可分为化学锈蚀和电化学锈蚀两类。化学锈蚀是指钢材表面与周围介质直接发生化学反应而产生的锈蚀。这种锈蚀通常是氧化作用，反应速度随温度、湿度的提高而加快；在干燥的环境下，锈蚀速度比较缓慢。电化学锈蚀是由于电化学现象在钢材表面产生局部电池作用的锈蚀。例如在水溶液中的锈蚀和大气、土壤中的锈蚀等。建筑钢材存放和使用中发生的锈蚀主要属这一类。

防止建筑钢材的锈蚀，主要采取以下措施：合金化、金属覆盖和非金属覆盖等。

合金化：这是一种极好的防止钢材锈蚀的技术措施，即冶炼过程中在碳素钢中加入能提高抗腐蚀能力的合金元素，如铬、镍、锡、钛和铜等，制成不同的合金钢，能有效地提高钢材的抗腐蚀能力。

金属覆盖：用耐腐蚀性能好的金属，以电镀或喷镀的方法覆盖在钢材的表面，提高钢材的耐腐蚀能力，如镀锌、镀铬、镀铜、镀银等。

非金属覆盖：在钢材表面用非金属材料作为保护膜，与环境介质隔离，以避免或减缓锈蚀，如表面刷漆及喷涂涂料、搪瓷和塑料等。

第四节 建筑砂浆与混凝土

一、砂浆、混凝土的组成材料

1. 砂浆的组成材料

建筑砂浆是由胶凝材料、细骨料和水按一定比例配制而成的建筑材料。在建筑工程中，可用来砌筑各种砖、石、砌块；可用于墙面、地面、顶棚的表面抹灰；可用来粘贴大理石、瓷砖等；可用于构件的接缝及砖墙的勾缝。

砂浆按胶凝材料不同可分为水泥砂浆、石灰砂浆和混合砂浆（水泥石灰砂浆、水泥黏土砂浆、石灰黏土砂浆等）；按用途可分为砌筑砂浆、抹面砂浆等。

（1）砌筑砂浆的组成材料

1）水泥

前面介绍的六种水泥均可以用来配制砂浆。由于砂浆强度要求不高，一般采用中、低强度等级的水泥就能够满足要求。在配制砌筑砂浆时，选择水泥强度等级一般为砂浆强度等级的 3 ~ 5 倍。但水泥砂浆采用的水泥强度等级不宜大于 32. 5 级；水泥混合砂浆采用的水泥强度等级不宜大于 42. 5 级。

2）细骨料

砂是砌筑砂浆的细骨料。由于砂浆层较薄，砂的最大粒径应有所限制，理论上不应超过砂浆层厚度的 1/4 ~ 1/5。通常砖砌体用砂浆宜选用中砂，最大粒径不大于 2. 5mm；石砌体用砂浆宜选用粗砂，最大粒径不大于 5. 0mm；光滑的抹面及勾缝的砂浆宜采用细砂，最大粒径不大于 1. 2mm。为保证砂浆质量，应选用洁净的砂，砂的含泥量应加以控制。

3）掺合料

为了改善砂浆的和易性和节约水泥，常在砂浆中掺入适量的掺合料，如石灰膏、黏土膏等配制成水泥混合砂浆。为了保证砂浆的质量，用生石灰制备石灰膏时，熟化时间不少于7天；如用磨细生石灰粉制成，熟化时间不得少于2天。沉淀池中储存的石灰膏，应采取防止干燥、冻结和污染的措施。严禁使用脱水硬化的石灰膏。消石灰粉不得直接使用于砂浆中。采用黏土制备黏土膏时，应用搅拌机加水搅拌并过筛。

4）水

拌制砂浆用水与混凝土拌合用水的要求相同，应采用不含油污、不含有害杂质的洁净水。

（2）抹面砂浆的组成材料

抹面砂浆也称抹灰砂浆，是指以大面积薄层涂抹于建筑物和构筑物内、外表面的砂浆，它兼有保护基层、满足使用要求和增加美观的作用。根据抹面砂浆功能不同，一般可分为普通抹面砂浆和装饰砂浆等。

抹面砂浆的组成材料与砌筑砂浆基本上是相同的。但为了防止砂浆层的收缩开裂，有时需要加入一些纤维材料，或者为了使其具有某些特殊功能需要选用特殊骨料或掺合料。

1）普通抹面砂浆

普通抹面砂浆用于室外时，主要起保护作用，提高建筑物和墙体的抗风化、防潮、防腐蚀和保温隔热性能；用于室内可改善建筑物的适用性和使表面具有平整、光洁、美观的效果。常用的普通抹面砂浆有水泥砂浆、石灰砂浆、水泥混合砂浆、麻刀石灰砂浆（简称麻刀灰）、纸筋石灰砂浆（简称纸筋灰）等。

普通抹面砂浆通常分为两层或三层进行施工。底层抹灰的作用是使砂浆与基底能牢固地粘结；中层抹灰主要是找平，有时可省略；面层抹灰是为了获得平整、光洁的表面效果。各层抹灰的作用和要求不同，因此每层所选用的砂浆也不一样。同时不同的基底材料和工程部位，对砂浆技术性能要求也不同，这也是选择砂浆种类的主要依据。

2）装饰砂浆

装饰砂浆是指涂抹在建筑物内外墙表面，具有美观装饰效果的抹面砂浆。装饰砂浆的底层和中层抹灰与普通抹面砂浆基本相同，但是其面层要选用具有一定颜色的胶凝材料和骨料或者经各种加工处理，使得建筑物表面呈现各种不同的色彩、线条和花纹等装饰效果。

装饰砂浆所用胶结材料采用石膏、石灰、白水泥、彩色水泥等，或在使用中掺加白色大理石粉，使砂浆表面色彩更为明朗。所用骨料多为白色、浅色和彩色的天然砂、石屑（大理石、花岗石等）、陶瓷碎粒等。装饰砂浆中的颜料，应采用耐碱和耐光晒的矿物颜料。

2. 混凝土的组成材料

混凝土是目前建筑工程中应用范围最广、用量最大的建筑材料。它是由水泥、石子、砂和水等按适当的比例配合拌制而成的拌合物，经浇筑成型硬化后得到的人造石材。为了保证混凝土的质量，对所用材料应合理选择，各组成材料应满足一定技术要求。

(1) 水泥

在混凝土中水泥为胶凝材料，正确、合理地选择水泥是影响混凝土强度、耐久性及经济性的重要因素。配制混凝土一般可采用六种通用水泥。根据混凝土工程特点、所处环境及施工条件及各种水泥特点，合理选择水泥。

水泥强度等级应与混凝土的强度等级相适应，原则是配制高强度等级的混凝土，选用高强度等级水泥；配制低强度等级的混凝土，选用低强度等级水泥。一般情况下，水泥强度等级为混凝土强度等级的 1.5 ~ 2.0 倍；配制高强度混凝土时，应是 1.0 ~ 1.5 倍。

(2) 砂

砂是指大小为0.16~5mm的岩石颗粒。通常分为天然砂和人工砂两种。

天然砂是由岩石风化、水流搬运等自然条件形成的，可分为河砂、海砂和山砂。河砂颗粒表面圆滑、比较洁净、质地较好、产源广；海砂虽然具有河砂的特点，但常混有贝壳碎片和盐分等有害杂质；山砂颗粒表面粗糙、有棱角，含泥量和含有机杂质多。一般工程上多使用河砂，在缺乏地区，可采用山砂或海砂，但在使用时必须按规定作技术检验。

人工砂是将岩石轧碎而成，颗粒表面多棱角、较洁净，但造价较高，如无特殊情况，一般不采用。

砂中的颗粒有大有小，当大小不同的砂搭配良好时，可少用水泥。砂也有粗细之分，配制混凝土时，所用砂不宜过粗也不宜过细，中砂较适宜。但工程中往往出现砂偏粗或偏细的情况，通常有两种处理方法：① 当只有一种砂源时，对偏粗砂适当增加砂用量，对偏细砂适当减少砂用量；② 当粗砂和细砂都有时，宜将粗、细砂按一定比例掺配使用。

（3）石子

石子是指粒径大于5mm的岩石颗粒。普通混凝土用的石子有碎石和卵石两种。

碎石是由天然岩石和大卵石经破碎、筛分而得，表面粗糙多棱角，所拌制的混凝土和易性较差，但它与水泥的粘结力较强。卵石分为河卵石、海卵石和山卵石，常采用比较干净的河卵石；它的表面光滑、无棱角，所拌制的混凝土和易性较好，但与水泥的粘结力较差。一般在混凝土配合比相同时，卵石混凝土拌合物比碎石混凝土拌合物有较好的流动性，但强度却比碎石混凝土低。

石子中的黏土、泥块等杂质应控制含量，如果过多，应过筛和冲洗后才能使用。

石子有大有小，当大小不同的石子搭配良好时，对混凝土强度、流动性和节省水泥等方面有影响。在条件允许时，石子尽量选择得大些，可以节约水泥；但不能过大，否则对施工运输和搅拌均匀不方便。

（4）水

混凝土用水主要包括：拌制混凝土用水和养护混凝土用水。一般情况下，凡是可以饮用的自来水、清洁的天然水（江、河、湖水等）均可以拌制和养护混凝土。海水不能用于拌制钢筋混凝土与预应力混凝土，也不能拌制有饰面要求的混凝土。

（5）外加剂和掺合料

为了改善混凝土的某些性能还常加入适量的外加剂和掺合料，分别称为混凝土的第五组分和第六组分。

外加剂是指能有效改善混凝土某项或多项性能的一类材料，掺量一般只占水泥质量的5%以下，却能显著改善混凝土的和易性、强度、耐久性或调节凝结时间及节约水泥。外加剂的应用促进了混凝土技术的飞速进步，技术经济效益十分显著，并解决了许多工程技术难题。混凝土工程中常用的外加剂有：减水剂、引气剂、早强剂、缓凝剂、速凝剂、膨胀剂、防冻剂等。

掺合料是指在混凝土拌合物中掺入的数量超过水泥质量5%的矿物粉料，可以节约水泥用量、改善混凝土的某些性能、降低工程成本；还可充分利用工业废料，具有节约能源、保护资源和减少环境污染等意义。混凝土工程中常用的掺合料有：粉煤灰、硅粉、磨细的高炉矿渣等。

二、建筑砂浆的配制与选用

1. 砌筑砂浆的配制与选用

砂浆硬化后应具有足够的强度，强度的大小用强度等级表示，抗压强度是划分砂浆强度等级的主要依据。砌筑砂浆的强度等级可分为：M20、M15、M10、M7.5、M5.0、M2.5等6个等级。

砌筑工程中应根据砌体种类、砌体性质及所处环境条件等选用砂浆的种类和强度等级。水泥砂浆和水泥石灰砂浆宜用于砌筑潮湿环境及强度要求较高的砌体；石灰砂浆宜用于砌筑干燥环境中的砌体。多层房屋的墙体一般采用强度等级为 M2.5 和 M5.0 的水泥石灰砂浆；砖柱、砖拱等一般采用强度等级为 M5.0～M10 的水泥砂浆；砖基础一般采用强度等级 M2.5 和 M5.0 的水泥砂浆，低层房屋和平房可采用石灰砂浆；石砌体多采用强度等级为 M2.5 和 M5.0 的水泥砂浆和水泥石灰砂浆；简易房屋可用石灰黏土砂浆。

施工时，砂浆的配合比可根据经验来确定，也可查阅有关施工手册或资料来选择，然后再做适当调整。水泥砂浆各材料用量可按照表 1-1 选用。

每立方米水泥砂浆材料用量 **表 1-1**

强度等级	每立方米砂浆水泥用量（kg）	每立方米砂浆砂用量（kg）	每立方米砂浆用水量（kg）
M2.5～M5	200～230	1450 左右	270～330
M7.5～M10	220～280		
M15	280～340		
M20	340～400		

水泥用量应根据水泥的强度等级和施工水平合理选择，一般当水泥的强度等级较高（大于 32.5MPa）或施工水平较高时，水泥用量选低值。用水量应根据砂的粗细程度、砂浆稠度和气候条件选择，当砂较粗、稠度较小或气候较潮湿时，用水量选低值。水泥混合砂浆中水泥和掺合料的总量宜为 300～350kg。

2. 抹面砂浆的配制与选用

水泥砂浆宜用于潮湿或强度要求较高的部位；混合砂浆多用于室内底层或中层或面层抹灰；石灰砂浆、麻刀灰、纸筋灰多用于室内中层或面层抹灰。水泥砂浆不得涂抹在石灰砂浆层上。

普通抹面砂浆的组成材料及配合比，可根据使用部位及基底材料的特性确定，常用配合比及应用范围见表 1-2。

常用抹面砂浆配合比及应用范围 **表 1-2**

抹面砂浆材料	配合比（体积比）	应用范围
石灰:砂	1:3	砖石墙面打底找平（干燥环境）
石灰:砂	1:1	墙面石灰砂浆面层
水泥:石灰:砂	1:1:6	内外墙面混合砂浆打底找平
水泥:石灰:砂	1:0.3:3	墙面混合砂浆面层
水泥:砂	1:2	地面、顶棚或墙面水泥砂浆面层
水泥:石膏:砂:锯末	1:1:3:5	吸声粉刷
石灰膏:麻刀	100:2.5（重量比）	木板条顶棚底层
石灰膏:麻刀	100:1.3（重量比）	木板条顶棚面层
石灰膏:纸筋	100:3.8（重量比）	木板条顶棚面层
石灰膏:纸筋	$1m^3$ 石灰膏掺 3.6kg 纸筋	较高级墙面及顶棚

装饰砂浆饰面方式可分为灰浆类饰面和石碴类饰面两大类。灰浆类饰面主要通过水泥砂浆的着色或对水泥砂浆表面进行艺术加工，从而获得具有特殊色彩、线条、纹理等质感的饰面。其主要优点是材料来源广泛、施工操作简便、造价比较低廉，而且通过不同的工艺加工，可以创造不同的装饰效果。常用的灰浆类饰面有拉毛灰、甩毛灰、仿面砖、拉条等几种。

石碴是天然的大理石、花岗石以及其他天然石材经破碎而成，俗称米石。常用的规格有大八厘（粒径为 8mm）、中八厘（粒径为 6mm）、小八厘（粒径为 4mm）。石碴类饰面是用水泥（普通水泥、白水泥或彩色水泥）、石碴、水拌成石碴浆，同时采用不同的加工手段除去表面水泥浆皮，使石碴呈现不同的外露形式以及水泥浆与石碴的色泽对比，构成不同的装饰效果。石碴类饰面比灰浆类饰面色泽较明亮，质感相对丰富，不易褪色，耐光性和耐污染性也较好。常用的石碴类饰面有水刷石、干粘石、斩假石、水磨石等几种。

三、混凝土的配制与选用

为便于设计选用和施工控制混凝土，将混凝土强度分成若干等级，即强度等级。普通混凝土通常划分为C7.5、C10、C15、C20、C25、C30、C35、C40、C45、C50、C55及C60共12个等级。

混凝土强度等级是混凝土结构设计时强度计算取值的依据，也是施工中控制混凝土质量及进行工程验收的重要依据。工程中的不同部位选用不同等级的混凝土。我国建筑工程采用的强度等级范围是：C7.5~C15多用于基础工程、大体积混凝土工程及受力不大的结构；C15~C25多用于梁、板、柱、楼梯及屋架；C20~C30多用于耐久性较高的大跨度结构和预应力构件等；C30以上多用于预应力钢筋混凝土结构、吊车梁及特种结构等。

混凝土的配合比是指混凝土中水泥、砂、石、水四种主要组成材料用量之间的比例关系。一般采用质量配合比，常以1m^3（立方米）混凝土中各项材料的用量（kg）来表示，如水泥300kg（千克）、水180kg、砂750kg、石子1260kg。

农村常用普通混凝土强度等级配合比可参考表1-3，表中为采用中砂、碎石最大粒径为40mm时的混凝土各材料用量参考范围。工程中如果采用粗砂或细砂或卵石，应适当调整各材料的用量。

中砂碎石混凝土强度等级配合比参考表　　表1-3

混凝土强度等级	水泥强度（MPa）	材料用量（kg/m^3）			
		水	水泥	砂	石
C10	32.5	165~185	212~237	701~719	1362~1279
C15	32.5	155~185	234~280	656~681	1395~1264
	42.5	165~195	212~250	701~727	1362~1238
C20	32.5	165~195	311~368	586~606	1368~1231
	42.5	170~200	250~294	663~686	1347~1220
C25	32.5	165~195	367~433	512~532	1386~1240
	42.5	165~195	295~348	611~631	1359~1226

四、混凝土与钢筋混凝土制品选用

混凝土制品是指以混凝土（包括砂浆）为基本材料制成的产品。一般由工厂预制，然后运到施工现场铺设或安装；对于大型或重型的制品，由于运输不便，也可在现场预制。有配钢筋和不配钢筋的，如混凝土预制板、混凝土砌块、混凝土管、钢筋混凝土电线杆、钢筋混凝土桩、钢筋混凝土轨枕、预应力钢筋混凝土梁等。

混凝土与钢筋混凝土制品在新农村建设中是大有用途的材料。例如：在村镇专用基础设施建设中大量使用钢筋混凝土构件和预应力混凝土构件；在农房建设中大量使用预应力混凝土檩条、预应力空心楼板、门窗过梁混凝土空心砌块、水泥瓦和彩色水泥瓦等；在农村电网建设中大量使用钢筋混凝土电杆和预应力钢筋混凝土电杆架设输电、通讯、照明等线路；在农用水利建设中使用混凝土管和钢筋混凝土排水管铺设输水管道、喷灌管道、排涝管道、小水电站引水管道等，在机井建设中使用钢筋混凝土井管等；在村镇道路建设中大量使用钢筋混凝土涵管、钢筋混凝土排水管。

第五节　砖 石 材 料

一、砌筑石料的选用

砌筑石料是天然岩石经机械或人工开采、加工（或不经过加工）获得的各种块状石料，常分为毛石、料石两类。

1. 毛石

毛石是由爆破直接得到的石块，按其表面的平整程度可分为乱毛石和平毛石。乱毛石是形状不规则的毛石，平毛石是乱毛石略经加工而得到的，大致有两个平行面。毛石常用来砌筑基础、勒脚、墙身、挡土墙、堤岸及护坡等。

2. 料石

料石是人工或机械开采出较规则并略加凿琢而成的六面体石块。按其加工的平整程度可分为毛料石、粗料石、半细料石及细料石。料石主要用于砌筑建筑物的基础、勒脚、墙体等部位，半细料石及细料石主要用于作镶面材料。

二、烧结砖的选用

凡通过高温焙烧而制得的砖统称为烧结砖。根据原料不同分为烧结黏土砖、烧结粉煤灰砖、烧结页岩砖等。根据孔洞率大小分为普通砖、多孔砖和空心砖三种，普通砖没有孔洞或孔洞率小于25%，多孔砖孔洞率等于大于25%，空心砖孔洞率不小于40%。

1. 烧结普通砖

烧结普通砖是指以黏土、页岩、煤矸石或粉煤灰为主要原料，经焙烧而成的普通实心砖。包括黏土砖（N）、页岩砖（Y）、煤矸石砖（M）、粉煤灰砖（F）等多种。烧结普通砖具有一定的强度及良好的绝热性、耐久性，且原料广泛，工艺简单，因而可用作墙体材料及砌筑柱、拱、烟囱、基础等。由于烧结普通砖能耗高，烧砖毁田，污染环境，因此我国建设工程中已禁止使用普通黏土砖。

烧结普通砖为长方体，其标准尺寸为240mm×115mm×53mm。根据抗压强度分为五个等级：MU30、MU25、MU20、MU15和MU10。按照尺寸偏差、外观质量等指标分为优等品（A）、一等品（B）和合格品（C）三个等级。优等品无泛霜；一等品不允许出现中等泛霜；合格品不允许出现严重泛霜，且产品中不得夹杂欠火砖、酥砖和螺旋纹砖。

优等品可用于清水墙和墙体装饰；一等品、合格品可用于混水墙，中等泛霜的砖不能用于处于潮湿的工程部位。

2. 烧结多孔砖与空心砖

烧结多孔砖是以黏土、页岩、粉煤灰、煤矸石等为主要原料，经成型、焙烧而成的孔洞率大于等于 25% 的砖。孔洞率不小于 40% 的砖则为空心砖。多孔砖使用时孔洞方向平行于受力方向；空心砖的孔洞则垂直于受力方向。多孔砖常用作六层以下的承重砌体；空心砖则常用于非承重砌体。与烧结普通砖相比，烧结多孔砖与空心砖具有自重小、保温性好、节能节土、施工效率高等优点。

多孔砖外形见图 1-2，主要规格尺寸有 M 型（190mm × 190mm × 90mm）和 P 型（240mm × 115mm × 90mm）两类，砖孔有矩形、长条孔、圆孔等多种；圆孔直径必须≤22mm，非圆孔内切圆直径≤15mm，手抓孔一般为（30 ~ 40）mm ×（75 ~ 85）mm。多孔砖根据抗压强度平均值分为 MU30、MU25、MU20、MU15、MU10 共五个强度等级。并根据尺寸偏差、外观质量和耐久性指标划分为优等品（A）、一等品（B）和合格品（C）三个等级。

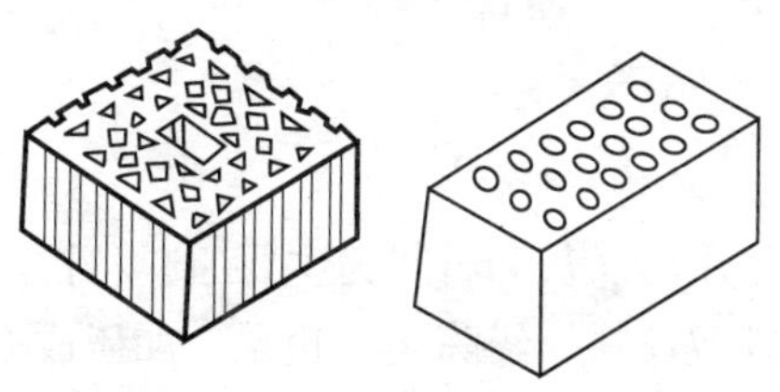

图 1-2　烧结多孔砖外形示意

空心砖外形见图 1-3，常见尺寸为 290mm × 190mm × 90mm、240mm × 180mm × 115mm 等。根据大面和条面抗压强度分为 MU10、MU7.5、MU5.0、MU3.5、MU2.5 等五个强度等级，同时按表观密度分为 800、900、1000 和 1100 四个密度级别。并根据尺寸偏差、外观质量和耐久性等分为优等品（A）、

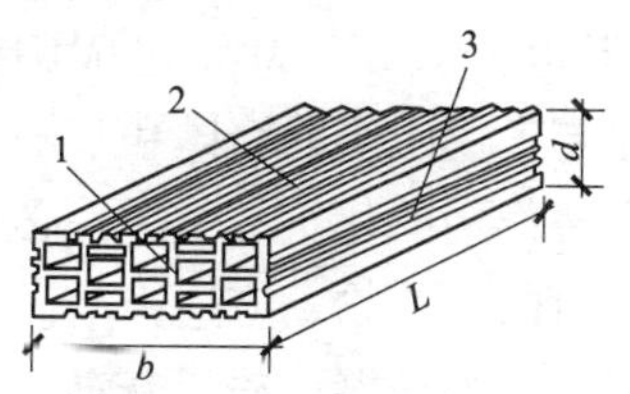

图 1-3　烧结空心砖外形示意图

1—顶面；2—大面；3—条面；

L—表示长度；*b*—表示宽度；

d—表示高度

一等品（B）和合格品（C）三个等级。

三、非烧结砖的选用

非烧结砖又称免烧砖。这类砖的强度是通过在制砖时掺入一定量胶凝材料或在生产过程中形成一定的胶凝物质而得到的。

1. *蒸压灰砂砖*

蒸压灰砂砖是以石灰和砂为主要原料，经磨细、混合搅拌、陈化、压制成型和蒸压养护制成的。一般石灰占10%～20%，砂占80%～90%。

蒸压灰砂砖的规格与普通黏土砖相同。产品分为优等品、一等品、合格品三个等级；根据抗压强度分为MU25、MU20、MU15、MU10四个等级。强度等级大于MU15的砖可用于基础及其他建筑部位。MU10砖可用于砌筑防潮层以上的墙体。灰砂砖不耐热、不耐酸，不能用于使用温度高于200℃以及承受急冷、急热或有酸性介质侵蚀的建筑部位，也不宜用于有流水冲刷的部位。

2. *蒸压粉煤灰砖*

粉煤灰砖是用粉煤灰和石灰为主要原料，掺加适量石膏和炉渣，加水混合拌成坯料，经陈化、轮碾、加压成型，再通过常压或高压蒸汽养护而制成的一种墙体材料。

粉煤灰砖分为优等品、一等品和合格品；强度等级分为MU30、MU25、MU20、MU15和MU10五级。粉煤灰砖可用于工业与民用建筑的墙体和基础。但用于基础或用于易受冻融和干湿交替作用的建筑部位时，必须采用一等品与优等品。用粉煤灰砖砌筑的建筑物，应适当增设圈梁及伸缩缝或其他措施，以避免或减少收缩裂缝。粉煤灰砖不得用于长期受热（200℃以上）、受急冷急热和有酸性介质侵蚀的部位。

3. *炉渣砖*

炉渣砖是以煤燃烧后的残渣为主要原料，配以一定数量的石灰和少量石膏，配料、加水搅拌、陈化、轮碾、成型和蒸养或蒸压养护而制得的实心砌墙砖。炉渣砖强度等级分为 MU20、MU15 和 MU10 三级。可以用于建筑物的墙体和基础，但是用于基础或易受冻融和干湿循环的部位必须采用强度等级 MU15 以上的砖。防潮层以下建筑部位也应采用强度等级 MU15 以上的炉渣砖。

第六节　防 水 材 料

防水材料是防止雨水、地下水及其他水分渗透的材料，其质量的好坏直接影响到人们的居住环境、生活条件及建筑物的寿命。

一、沥青基防水卷材的选用

沥青基防水卷材是指以各种石油沥青为防水基材，以织物、毡等为胎基，用不同矿物粉料、粒料或合成高分子薄膜、金属膜作为隔离材料所制成的可卷曲片装防水材料。沥青基防水卷材具有原材料广、价格低、施工技术成熟等特点，可以满足建筑物的一般防水要求，是目前用量最大的防水卷材品种。

1. *石油沥青玻璃纤维油毡（简称玻纤油毡）*

玻纤油毡是采用玻璃纤维薄毡为胎基浸涂石油沥青，表面撒以矿物粉料或覆盖聚乙烯薄膜等隔离材料制成的一种防水卷材。具有良好的耐水性、耐腐蚀性和耐久性，可用于一般建筑的屋面工程防水。

2. *石油沥青玻璃布油毡（简称玻璃布油毡）*

玻璃布油毡是采用石油沥青浸涂玻璃纤维织布的两面，再涂以隔离材料所制成的一种沥青防水卷材。该类卷材的抗拉强度高，柔韧性较好，耐磨、耐腐蚀性较强，吸水率低，耐热性好，主要用于铺设地下防水层、屋面防水层及金属管道（热管道除外）的防腐保护层等。

3. 其他石油沥青油毡

石油沥青麻布油毡采用麻织品为底胎，先浸渍低软化点石油沥青，然后涂以含有矿物质填充料的高软化点石油沥青，再撒布一层矿物质石粉而制成。该卷材抗拉强度高，耐酸碱性强，柔韧性好，但耐热度较低。适应于要求比较严格的防水层及地下防水工程，尤其适应于要求具有高强度的多层防水层及基层结构有变形和结构复杂的防水工程和工业管道的包扎等。

铝箔面油毡采用玻纤毡为胎基，浸涂氧化沥青，在其表面用压纹铝箔贴面，底面撒以细颗粒矿物料或覆盖聚乙烯膜所制成的一种具有热反射和装饰功能的防水卷材，铝箔面油毡用于单层或多层防水工程的面层。

二、改性沥青防水卷材的选用

在沥青中添加适当的高聚物改性剂，可以改善传统沥青防水卷材温度稳定性差、延伸率低的不足，具有高温不流淌、低温不脆裂、拉伸强度高和延伸率较大等优点，属于中档防水卷材产品。

1. SBS 改性沥青油毡

SBS 改性沥青油毡是以玻纤毡、聚酯毡等增强材料为胎体，以 SBS 改性石油沥青为浸渍涂盖层，以塑料薄膜为防粘隔离层而制成的一种柔性防水卷材。具有良好的不透水性能和低温柔韧性，同时还具有较高的耐久性及耐腐蚀性且延伸率较大等特点。它是以 $10m^2$（平方米）卷材的质量（kg）作为卷材的标号。玻纤毡胎基的卷材分为 25 号、35 号和 45 号三种；聚酯毡胎基的卷材分为 25 号、35 号、45 号和 55 号四种。按物理性能的不同可分为优等品、一等品及合格品三个等级。

SBS 改性沥青油毡适用于一般工业与民用建筑的屋面、地下室及卫生间等的防水防潮，尤其适用于寒冷地区和结构变形频繁的建筑物防水。一般 35 号及其以下产品用作多层防水，35 号以上的产品可作单层防水。施工时可用热熔法施工，也可用冷粘贴法施工。

2. APP 改性沥青油毡

APP 改性沥青油毡是以玻纤毡或聚酯毡为胎体，以 APP 改性沥青为预浸涂盖层，然后上层撒上隔离材料，下层覆盖聚乙烯薄膜或撒布细砂而成的沥青防水卷材。其产品标号及等级与 SBS 改性沥青油毡相同；具有更高的耐高温性能，但低温柔性较差，其他性能基本相同。

与 SBS 改性沥青油毡相比，除在一般工程中使用外，APP 改性沥青防水卷材由于耐热度更好而且有着良好的耐紫外线老化性能，故更加适应于高温或有强烈阳光地区的建筑物防水。

3. 其他改性沥青油毡

氧化沥青防水卷材是以氧化沥青或优质氧化沥青作为浸涂材料，以无纺玻纤毡、加纺玻纤毡、黄麻布、铝箔或玻纤铝箔复合为胎体加工制造而成。该卷材造价低，属于中低档产品。优质氧化沥青油毡具有很好的低温柔韧性，适合于北方寒冷地区建筑物的防水。

自粘性改性沥青防水卷材是以自粘性改性沥青为涂盖材料，以无纺玻纤毡、加纺玻纤毡、无纺聚酯布为胎体，在浸涂胎体后，下表面用隔离纸覆盖，上表面用具有自支保护功能的隔离材料覆面，使用时只需揭开隔离纸便可铺贴，稍加压力就能粘贴牢固。它具有良好的低温柔韧性和施工方便等特点，除一般工程外更适合于北方寒冷地区建筑物的防水。

三、合成高分子防水卷材的选用

合成高分子防水卷材是以合成橡胶、合成树脂或两者的共混体为基础，加入适量的助剂和填充料等，经过特定工序所制成的防水卷材。该类防水卷材具有强度高、延伸率大、弹性高、高低温特性好等特点，防水性能优异特点，而且彻底改变了沥青基防水卷材施工条件差、污染环境等缺点，是值得大力推广的新型高档防水卷材。目前多用于高级宾馆、大厦、游泳池，厂房等要求有良好防水性的屋面、地下等防水工程。

1. 三元乙丙橡胶防水卷材

三元乙丙橡胶防水卷材是以乙烯、丙烯和少量双环戊二烯共聚合成的三元乙丙橡胶为主要原料，掺入适量的丁基橡胶、硫化剂、促进剂、补强剂和软化剂等，经过密炼、拉片、过滤、挤出（或压延）成型、硫化等工序制成的弹性体防水卷材。该卷材是目前耐老化性能最好的一种卷材，使用寿命可达30年以上。它具有防水性好，重量轻，耐候性好，耐臭氧性好，弹性和抗拉强度大，抗裂性强，耐酸碱腐蚀等特点，而且其使用的温度范围广，并可以冷施工，目前在国内属高档防水材料。三元乙丙橡胶卷材可用于各种工程的室内外防水和防水修缮，是屋面、地下室和水池防水工程的主体材料。

2. 聚氯乙烯防水卷材

聚氯乙烯防水卷材是以聚氯乙烯树脂为主要原料，掺加填充料和适量的改性剂、增塑剂、抗氧剂、紫外线吸收剂等，经过捏合、混练、造粒、挤出或压延、冷却卷曲等工序加工而成的防水卷材。聚氯乙烯防水卷材根据基料的组成与特性可分为S型和P型，S型防水卷材的基料是煤焦油与聚氯乙烯树脂的混合料，P型防水卷材的基料是增塑的聚氯乙烯树脂。S型防水卷材的厚度为1.8mm、2.0mm和2.5mm，P型防水卷材的厚度为1.2mm、1.5mm和2.0mm，卷材宽度为1.0m、1.2m和1.5m（米）。P型性能优于S型。

聚氯乙烯防水卷材的特点是价格便宜，抗拉强度和断裂伸长率较高，对基层伸缩、开裂、变形的适应性强；低温度柔韧性好，可在较低的温度下施工和应用；卷材的搭接除了可用胶粘剂外，还可以用热空气焊接的方法，接缝处严密。

与三元乙丙橡胶防水卷材相比，除在一般工程中使用外，聚氯乙烯防水卷材更适应于刚性层下的防水层及旧建筑混凝土构件屋面的修缮工程，以及有一定耐腐蚀要求的室内地面工程的防水、防渗工程等。

3．氯化聚乙烯－橡胶共混防水卷材

该卷材是以氯化聚乙烯树脂和合成橡胶为主体，加入适量的硫化剂、促进剂、稳定剂和填充料，经过塑炼、混炼、过滤、延压成型、硫化等工序而制成的防水卷材。氯化聚乙烯－橡胶共混防水材料兼有橡胶和塑料的特点，不仅具有氯化聚乙烯所特有的高强度和优异的耐臭氧、耐老化性能，而且具有橡胶类材料所特有的高弹性、高延伸性以及良好的低温柔性。因此该类防水卷材适用范围广，适用于各类工程的防水、防潮、防渗和补漏等。

四、屋面瓦的选用

屋面材料主要为各类瓦制品，按成分可分为黏土瓦、水泥瓦、石棉水泥瓦、塑料瓦等；按形状分有平瓦、波形瓦、脊瓦等。

1．黏土瓦

黏土瓦是以黏土为主要原料，加适量的水搅拌均匀后，经模压挤出成型，再经干燥、焙烧而成。制瓦的黏土要求杂质少、塑性高。

黏土瓦根据形状分为平瓦、脊瓦、三曲瓦、双筒瓦等多种；平瓦用于屋面，脊瓦用于屋脊。根据表面状态分为有釉和无釉两类。平瓦的通常规格为400mm × 240mm、380mm × 225mm、360mm × 220mm，15张平瓦的覆盖面积约为1m^2。脊瓦规格要求长度不小于300mm，宽度不小于180mm。物理性能合格的产品，按尺寸偏差和外观质量分为优等品、一等品和合格品三个等级。

黏土瓦自重大、质脆、易破裂，在贮运时应轻放，横立堆垛，且垛高不超过五层。

2．混凝土平瓦

混凝土平瓦是以水泥、砂为主要原料，经配料混合、加水搅拌、机械滚压或人工操压成型、养护而成。标准尺寸有400mm × 240mm、385mm × 235mm两种。混凝土平瓦耐久性好、成本低，可用来代替黏土瓦。如在配料时加入颜料，可制成彩色混凝土平瓦。

3. 石棉水泥瓦

石棉水泥瓦是以温石棉纤维与水泥为原料，经加水搅拌、压滤成型、蒸养、烘干而成的轻型屋面材料。该瓦的形状尺寸分为大波瓦（2800mm × 994mm）、中波瓦（2400mm × 745mm 和 1800mm ×745mm）小波瓦（1800mm ×720mm）和脊瓦四种。石棉水泥瓦具有防火、防腐、耐热、耐寒、绝缘等性能，大量应用于工业建筑，如厂房、库房、堆货棚等；农村中的住房也常有应用。

石棉水泥瓦受潮和遇水后，强度会有所下降。石棉纤维对人体健康有害，很多国家已禁止使用。

4. 玻璃钢波形瓦

玻璃钢波形瓦是以不饱和树脂和玻璃纤维布为原料制成的。产品尺寸为：长 1800mm、宽 740mm、厚 0.8 ~ 2mm。这种瓦质量轻、强度大、耐冲击、耐高温、透光、色彩鲜艳且生产工艺简单，适用于屋面、遮阳、车站月台、凉棚、集贸市场等简易建筑的屋面。但不能用于与明火接触的场合。当用于有防火要求的建筑物时，应采用难燃树脂。

5. 聚氯乙烯波纹瓦

聚氯乙烯波纹瓦，又称塑料瓦楞板，是以聚氯乙烯树脂为主体，加入其他助剂，经塑化、压延、压波而制成的波形瓦。具有轻质、防水、耐腐、透光、色彩鲜艳等优点，适用于车棚、凉棚、果棚、遮阳板和简易建筑的屋面。常用规格为：长1000mm、宽 750mm、厚 1.5 ~ 2mm。

第二章　建筑装饰材料

建筑装饰材料是指用于建筑表面起装饰作用的材料，也称装修材料、饰面材料，包括内墙、外墙、地面、顶棚等装饰材料。装饰材料除了起装饰作用外，还可起到保护建筑主体结构和改善建筑物使用功能的作用，一般是在建筑主体工程完成后铺设、粘贴或涂刷在建筑物表面的。

选用建筑装饰材料时，应注意满足其使用功能及装饰效果，还应考虑材料的耐久性及经济性，而且所选择的材料对环境和人体健康都不能产生危害。应选用美观、大方、适用、耐久、价格适宜的材料来装饰和美化建筑物。

第一节　外墙装饰材料

一、外墙涂料的选用

外墙装饰涂料是指用于建筑物外墙起装饰和保护作用的一类涂料，要求具有较好的装饰性、耐污染性、耐水性、耐老化性以及施工维修要方便。

1. 外墙无机建筑涂料

传统的无机涂料性能很差，现已淘汰。目前外墙无机涂料是指以碱金属硅酸盐（俗称水玻璃）或硅溶胶为主要粘结剂，采用刷涂、喷涂或滚涂的方法，在建筑物上形成薄质装饰涂层的外墙建筑涂料。按主要粘结剂种类可分为：Ⅰ类（碱金属硅酸盐类），以硅酸钾、硅酸钠等碱金属硅酸盐为主要粘结剂，加入颜料、填料和助剂；Ⅱ类（硅溶胶类），以硅溶胶为主要粘结剂加入适量的合成树脂乳液、颜料、填料和助剂配制而成。常用品种及特点用途见表2-1。

外墙无机建筑涂料的特点及用途　　表2-1

品　种	特　点	用　途
酸改性水玻璃建筑涂料	水玻璃中加入无机酸或有机酸进行改性制得酸改性水玻璃，以它为基料配制成水玻璃系涂料，无毒无味、使用安全、施工方便，耐水性、耐擦洗性、耐候性等有所提高；与无机类基材有牢固粘结力，有调湿防露性，涂膜硬度高等特点；资源丰富，价格便宜	可用于装饰要求一般的住宅、商店、学校、库房、办公楼等外墙装修
（硅溶胶+苯丙乳液）复合涂料	硅溶胶和苯丙乳液混溶固化成膜，这种无机有机复合涂料既保持了无机涂料的硬度等优点，又具有一定的柔韧性，保持了有机涂料的快干和易刷性；具有较好的耐候、耐久性	一种较高性能的有机无机复合外墙涂料
（丙烯酸酯乳液+硅溶胶）复合涂料	在生产丙烯酸酯乳液时引入硅溶胶，使之参与单体的共聚反应制得复合乳液，再以复合乳液为主要成膜剂配制成复合涂料。其粘结性、透气性、耐水性、抗冻融性、耐洗刷性、耐候性、耐久性都异常优异	适合于混凝土、水泥砂浆基层表面涂装的一种高性能无机有机复合外装饰涂料

2. 合成树脂乳液外墙涂料

合成树脂乳液外墙涂料，简称外墙乳胶漆，是用合成树脂乳液、颜料、填料、助剂等配制成的涂料。分为一等品和合格品。常用品种及特点用途见表2-2。

合成树脂乳液外墙涂料的特点及用途　　表2-2

品　种	特　点	用　途
乙—丙乳液普通型外墙涂料	以醋酸乙烯—丙烯酸酯共聚乳液为基料制成，涂膜干燥快，一种常用的中、低档乳液型外墙涂料	适用于一般住宅、商店、宾馆和工业建筑物外墙面涂装

续表

品　　种	特　　点	用　　途
苯—丙乳液普通型外墙涂料	以聚苯乙烯、丙烯酸酯聚合物乳液为主要基料制成，是一种广泛使用的中档外墙涂料；也可作为高级苯丙乳液外墙涂料底漆用	适用于维护翻新方便的多层及低层建筑物外墙面涂装
苯—丙乳液高性能外墙涂料	聚苯乙烯—丙烯酸酯共聚乳液用量达55%～56%，用金红石型钛白粉为颜料配制而成，分有光、半光、无光、薄质、厚质等系列产品。涂膜光泽高，遮盖力强，耐水性、耐擦洗性、耐候性、耐沾污性等性能优异，属高性能、高档外墙涂料	适用于多层、高层和要求耐久及高级装饰建筑物外墙面装饰

3．溶剂型外墙涂料

溶剂型涂料是以高分子合成树脂为主要成膜物质，以有机溶剂为稀释剂，加入适量的颜料、填料及辅助材料研磨制成的涂料。具有较好的硬度、光泽、耐水性、耐酸碱性，对建筑物有较强的保护作用；缺点是使用有机溶剂，易燃、溶剂挥发对人体有害，且施工时要求基层干燥、涂膜透气性差、价格较贵。常用品种及特点用途见表2-3。

溶剂型外墙涂料的特点及用途　　表2-3

品　　种	特　　点	用　　途
丙烯酸酯建筑涂料	以丙烯酸酯树脂为基料制成的溶剂型建筑涂料，具有对墙面较强的渗透作用，粘结牢固，涂膜表面光滑坚韧；耐水洗刷性优异，具有优良的光泽保持性，不褪色、不粉化、不脱落、施工方便，不受气候条件限制，具有高的耐候性、耐污染性和耐化学腐蚀性	适用于建筑物、构筑物户外墙面涂装及有特殊防水和高装饰性要求的场合使用

续表

品　　种	特　　点	用　　途
聚氨酯丙烯酸酯复合型建筑涂料	溶剂型双组分高性能外墙涂料，具有优异的耐光、耐候性，在室外紫外线照射下不分解、不粉化、不黄变，对水泥基层有良好附着力，具有优良的户外耐久性	适用于外墙面、构筑物表面的高档高级装饰
聚酯丙烯酸酯复合型建筑涂料	以聚酯、丙烯酸酯树脂为基料配制而成，成本比聚氨酯丙烯酸酯涂料低；涂膜强度高，耐污染性好，但耐黄变性不良，不宜制成纯白色涂料	适用于要求深色，对耐沾污性要求较高的建筑物、构筑物户外装饰
有机硅丙烯酸酯复合型建筑涂料	在丙烯酸酯树脂结构中引入一定数量的有机硅团进行改性制成复合树脂为基料制得的涂料。可常温自干，较未改性的丙烯酸酯涂料具有更优良的耐候性、耐热性，涂膜具有良好的耐水性和耐沾污性，长期处于户外环境仍能保持涂膜完整和装饰效果	是较理想的一种外墙装饰涂料，适用于高层、超高层及户外要求高档高性能装饰的涂饰
聚氨酯环氧树脂复合型建筑涂料	以环氧树脂、聚氨酯树脂为基料配制而成的双组分涂料，两组分按规定比例现场配制使用。涂料具有粘着力强，防水、耐化学腐蚀性能、热稳定性和电绝缘性良好，耐候性好，装饰效果好，耐久性高达 8 ~ 10 年以上，具有高光瓷釉特征，又名瓷釉涂料	适合于建筑物的内外墙面、地面及厨房、卫生间、水池、浴池、游泳池等使用，还可用于油槽车、贮油罐等防腐涂层
聚氨酯溶剂型外墙涂料	以聚氨酯树脂溶液为基料，掺入颜料、填料、助剂等配制而成的溶剂型涂料，涂膜丰满，光亮平整、耐沾污、耐候性优越，保色性好，可直接涂刷在混凝土、水泥砂浆表面及其他建筑物、构筑物表面	适用于高层住宅、公共建筑外墙及卫生间、高级净化车间等墙面、地面涂装

二、陶瓷墙砖的选用

墙地砖是指建筑物外墙装饰用砖和室内外地面装饰用砖，因为此类陶瓷砖通常可以墙地两用，所以称为墙地砖。

1. 陶瓷墙地砖的特点和用途

墙地砖是以优质陶土为主要原料，再加入其他材料配成生料，经半干压成型后在1100℃左右焙烧而成，分为无釉和有釉两种。有的墙地砖是在已烧成的素坯上施釉后再釉烧而成，有些厂家则采用素烧与釉烧一次烧成的工艺进行生产。墙地砖具有强度高、耐磨、化学性质稳定、不燃、不受光照影响，抗风化耐候性能和耐酸碱性能好，吸水率低、易清洗、经久不裂，能长期保持表面图案颜色新鲜光彩等特点。

一次烧成墙地砖可用于外墙装饰，也可用于室内大厅、楼梯踏板和室外场坪等；二次烧成墙地砖主要用于室内地面和内墙装饰，也适用于游泳场、游乐场及其他公共场所的地面和墙面装饰；炻质红、白砖、仿花岗石瓷砖等，主要用于外墙和地面装饰。

2. 陶瓷墙地砖的分类与尺寸

墙地砖按饰面状况分为有釉、无釉两种；按着色方法可分为自然着色、人工着色和色釉着色等品种；按墙地砖表面的质感分为平面、麻面、毛面、磨光面、抛光面、纹点面、仿花岗石面、压花浮雕面等制品；墙地砖按外观质量分为优等品和合格品。

室内常用墙地砖尺寸为300mm×300mm、200mm×200mm、150mm×150mm、200mm×300mm等，厚度一般是8~10mm。从墙地砖的发展趋势来看，400mm×400mm、500mm×500mm、600mm×600mm的大规格面砖用的越来越普遍。室外墙地砖的规格大多是长方形，尺寸为240mm×60mm、50mm×75mm等，厚度一般为6~10mm。砖的背面应有0.5mm深的背纹，以提高砖与主体结构的粘结力。

第二节 内墙装饰材料

一、内墙涂料的选用

内墙装饰涂料是指用于建筑物内墙作装饰和保护用的一类涂料。内墙涂料要求色彩丰富、细腻、调和；有一定的耐水、耐碱、耐久性；较好的透气性等。

1. 合成树脂乳液内墙涂料

合成树脂乳液内墙涂料又称内墙乳胶漆，是以合成树脂乳液为基料与颜料、体质颜料研磨分散后加入各种助剂配制而成的内墙建筑涂料。有多种颜色，分有光、半光、无光几类；并分为优等品、一等品和合格品。

合成树脂乳液内墙涂料主要有乙—丙乳胶漆、苯—丙乳胶漆等，具有无毒无味、不燃、易于施工、透气性好、耐碱性好、耐水性好等特点。其中以苯—丙乳胶漆性能最优，属高档涂料；乙—丙乳胶漆性能次之，属中高档涂料。各种涂料特点及用途见表2-4。

合成树脂乳液内墙涂料的特点及用途　　表2-4

涂料品种	特　点	用　途
苯—丙乳液通用型内墙涂料	以聚苯乙烯、丙烯酸酯聚合物乳液为主要基料，配以锐钛型钛白粉及多种填料、助剂而制成水性内墙涂料，调整基料与颜（填）料加入量及比例，可制得中、高档系列水性内墙涂料，流平性好、干燥快，具有良好的耐擦洗性、保色性	用于正常内墙面、顶棚装饰效果好；高性能内墙涂料可用于较高级的住宅、宾馆及公共建筑物内装修

续表

涂料品种	特　点	用　途
乙—丙乳液内墙涂料	以醋酸乙烯和丙烯酸酯共聚制成的乙丙乳液为基料，加入颜料、填料及各种助剂调配而成。外观细腻，有良好的耐擦洗、耐水性、耐久性、保色性，中、高档内墙涂料	适用于较高级装饰的建筑内墙顶棚装饰，也可用于木质门窗

2. 仿瓷涂料

仿瓷涂料又称瓷釉涂料，是一种质感和装饰效果酷似陶瓷釉面的装饰涂料。分为溶剂型和乳液型两类。

（1）溶剂型仿瓷涂料

溶剂型仿瓷涂料是以常温下产生固化的树脂为主要成膜物质，主要使用的是聚氨酯树脂、丙烯酸—聚氨酯树脂、环氧—丙烯酸树脂和有机硅改性丙烯酸树脂等，并加入颜料、填料和助剂等配制而成的具有瓷釉光亮的涂料。溶剂型仿瓷涂料的颜色丰富多样、涂膜光亮、坚硬、丰满，具有优异的耐水性、耐碱性和耐老化性，且附着力强。可用于各种基层材料的表面，适用于建筑内外墙。

（2）乳液型仿瓷涂料

乳液型仿瓷涂料是以合成树脂乳液为主要成膜物质，主要使用的是丙烯酸树脂乳液，并加入颜料、填料和助剂等配制而成的具有瓷釉光亮的涂料。乳液型仿瓷涂料的价格较低、低毒、不燃、硬度高，涂膜丰满、耐老化性、耐酸碱、耐水性、耐沾污性及与基层的附着力等均较高，并能长时间保持原有的光泽和色泽。适用于各种基层材料的表面装饰。

二、釉面内墙砖的选用

釉面内墙砖简称釉面砖、内墙砖或瓷砖，是以烧结后呈白色的耐火黏土、叶蜡石或高岭土等为原材料制成坯体，面层为釉料，经高温烧结而成。

1. 釉面内墙砖的特点和用途

釉面砖是用于建筑物内墙面装饰的薄片状精陶建筑材料，其结构由坯体和表面釉彩层两部分组成。它具有色泽柔和而典雅、美观耐用、表面光滑洁净、耐火、防水、抗腐蚀、热稳定性能良好等特点，是一种高级内墙装饰材料。用釉面砖装饰建筑物内墙，可使建筑物具有独特的卫生、易清洗和装饰美观的建筑效果。由于釉面砖的热稳定性好、防火、防潮、耐酸碱、表面光滑、易清洗，故常用于厨房、浴室、卫生间等室内墙面、台面等的装饰。但釉面砖不能用于外墙和室外，因为经风吹日晒、严寒酷暑，釉面砖会产生碎裂。

釉面砖在粘贴前通常要求浸水2小时以上，取出晾干至表面干燥，才可进行粘贴。否则，因干坯吸走水泥浆中的大量水分，影响水泥浆的凝结硬化，降低粘结强度、造成空鼓、脱落等现象。另一方面，通常在水泥浆中掺入一定量的建筑胶水，以改善水泥浆的和易性、延缓水泥的凝结时间、提高铺贴质量、提高与基层的粘结强度。

釉面砖的主要种类及特点见表2-5。

釉面砖的主要种类及特点　　表2-5

种类		特点
白色釉面砖		色纯白、釉面光亮、清洁大方
彩色釉面砖	有光彩色釉面砖	釉面光亮晶莹、色彩丰富雅致
	无光彩色釉面砖	釉面半无光、不晃眼、色泽一致柔和
装饰釉面砖	花釉砖	是在同一砖上施以多种彩釉经高温烧成；色釉互相渗透，花纹千姿百态，装饰效果良好
	结晶釉砖	晶化辉映，纹理多姿
	斑纹釉砖	斑纹釉面，丰富生动
	理石釉砖	具有天然大理石花纹，颜色丰富，美观大方

续表

种类		特点
图案砖	白色图案砖	是在白色釉面砖上装饰各种图案经高温烧成；纹样清晰
	色地图案砖	是在有光或无光的彩色釉面砖上装饰各种图案，经高温烧成；具有浮雕、缎光、绒毛、彩漆等效果
字画釉面砖	瓷砖画	以各种釉面砖拼成各种瓷砖画，或根据已有画稿烧制成釉面砖，拼装成各种瓷砖画；清晰美观，永不褪色
	色釉陶瓷字	以各种色釉、瓷土烧制而成；色彩丰富，光亮美观，永不褪色

2. 釉面砖的品种及规格

釉面砖按釉面颜色分为：单色（含白色）砖、花色砖、图案砖等；按产品形状分为：正方形砖、长方形砖及异型配件砖等；按外观质量分为优等品和合格品。

为增强与基层的粘结力，釉面砖的背面均有凹槽纹，背纹深度一般不小于 0.2mm。釉面砖的尺寸规格很多，有 300mm × 200mm × 5mm、150mm × 150mm × 5mm、100mm × 100mm × 5mm、300mm × 150mm × 5mm 等等。异形配件砖有阴角、阳角、压顶条、腰线砖、阴三角、阳三角、阴角座、阳角座等，其外形及规格尺寸更多，可根据需要选配。

三、壁纸与墙布的选用

壁纸、墙布是目前国内外使用较为广泛的墙面装饰材料。它主要是通过胶粘剂粘到具有一定强度的平整基层上，如水泥砂浆基层、胶合板基层、石膏板基层等。壁纸、墙布的材料、图案、颜色变化多样，施工方便，可以广泛用于室内墙面、顶棚、梁柱等部位的装饰。

1. 装饰壁纸

(1) 塑料壁纸

塑料壁纸又称塑料墙纸，是目前发展最迅速、应用最广泛的壁纸。它是以布基（常用的玻璃布、玻毡或无纺布）或纸基（常用的普通纸或石棉纸）为底层，以悬浮法聚氯乙烯树脂或乳液法聚氯乙烯糊状树脂为原料，添加增塑剂、稳定剂、填充料和着色剂等面层材料，采用压延或涂布等工艺方法制成。塑料壁纸具有美观、耐用、易清洗、寿命长、施工方便等特点，缺点是透气性差、有异味，适用于各种建筑物的内墙、顶棚、梁柱等贴面装饰。

1) 塑料壁纸的分类

塑料壁纸因其制作工艺、外观及性能的差异，品种可达几百多种。通常分为三类，即普通壁纸、发泡壁纸、特种壁纸。

普通壁纸是以 $80g/m^2$ 的纸为基层，涂以 $100g/m^2$ 左右聚氯乙烯糊状树脂为面层，经复合、印花、压花等工序制成，适用于一般建筑及住宅，是生产最多、使用最普遍的品种。普通壁纸根据工艺不同可分为：单色压花、印花压花、有光印花、平光印花壁纸等。单色压花壁纸经凸版轮转热轧花机加工，可制成仿丝绸、织锦缎等多种花色；印花压花壁纸经多套色凹版轮转印刷机印花后在轧花，可制成印有各种色彩的图案，并压有布纹、隐条凹凸花纹等双重花纹，故叫做艺术装饰墙纸；有光印花壁纸是在抛光辊轧平的面上印花，表面光洁明亮；平光印花壁纸是在消光辊轧平的面上印花，表面平整柔和，以满足用户的不同需求。

发泡壁纸是以 $100g/m^2$ 的纸为基层，涂塑上 $300\sim400g/m^2$ 掺有发泡剂的聚氯乙烯糊状树脂为面层，经复合、印花、压花、发泡等工序制成。发泡壁纸可分为高发泡压花壁纸、低发泡印花壁纸、低发泡印花压花壁纸等。高发泡压花壁纸发泡倍率较大，表面是富有弹性的凹凸花纹，是一种装饰、吸声的多功能壁纸，常用于影剧院和住房天花板等装饰；低发泡印花壁纸是在发泡平面印有图案的品种；低发泡印花压花壁纸采用化学压花的方法，即用有不同抑制发泡作用的油墨印花后再发泡，使表面形成具有不同色彩的凹凸花纹图案，所以也叫化学浮雕，该产品还有仿木纹、拼花、仿瓷砖等花色，图样真、立体感强、装饰效果好，并有弹性，适用于室内墙裙、客厅和内走廊的装饰。

特种壁纸有耐水壁纸、防火壁纸、彩砂壁纸、抗静电壁纸、布基阻燃壁纸、金属壁纸、防辐射壁纸等。其中，耐水壁纸是以玻璃纤维毡作基层，以聚氯乙烯树脂作面层制成，适用于卫生间、浴室及湿度大的房间装饰；防火壁纸是以石棉纸作基材，以聚氯乙烯为面层制成，适用于防火要求较高的建筑物内墙及木板墙等装饰；彩砂壁纸是在壁纸基材上散布彩色砂粒，再喷涂粘结剂，使壁纸表面具有砂粒毛面，适用于公用建筑的门厅、柱面、走廊等局部装饰。

2）塑料壁纸的规格

目前塑料壁纸的规格有三种：

窄幅小卷：幅宽 530～600mm，长 10～12m，每卷 5～6m^2；

中幅中卷：幅宽 760～900mm，长 25～50m，每卷 25～45m^2；

宽幅大卷：幅宽 920～1200mm，长 50m，每卷 49～50m^2。

小卷墙用壁纸施工方便，选购数量和花色都比较灵活，最适合民用，家庭可自行粘贴。中卷、大卷墙用壁纸粘贴时施工效率高，接缝少，适合专业人员施工。

（2）织物壁纸

织物壁纸是以棉、麻、丝、毛等纤维织物作面料制成的壁纸，是近年来国际流行的高级墙面装饰材料之一。可制成各种色泽花式的粗细纱织物，装饰效果高雅，给人以柔和舒适的感觉，而且无毒、吸声、透气，有一定的调湿、防霉功效。但一般价格较贵，裱糊技术要求高，饰面的耐污染及可擦洗性差、易受机械损伤。织物壁纸的规格一般为：幅宽 530mm、914mm；长（5.5m、7.3m、10m、15m）/卷。其他规格可根据用户要求生产。

（3）纸质壁纸

纸质壁纸是以纸为基层，以高分子乳液涂布为面层，经印花、压花等工序制成。有单层纸与双层复合纸之分。单层纸质壁纸由于立体效果差，目前已很少生产。双层复合纸质壁纸可分为印花与压花同步型和不同步型两类。印花与压花同步型的壁纸立体感强、图案层次鲜明、色彩过渡自然、装饰效果可与塑料发泡印花压花壁纸相媲美，而且其色彩更为丰富、透气性也好，缺点是防污性差、耐擦洗性差，不宜用于人流量大、易污染的场所。纸质壁纸的规格一般为：宽 530mm、长 10m/卷。

2. 装饰墙布

装饰墙布也称壁布，其应用正在普及和发展。它和壁纸一样，主要用于各种建筑物的室内墙面装饰。

（1）玻璃纤维印花墙布

玻璃纤维印花墙布是以中碱玻璃纤维布为基材，表面涂以耐磨树脂、印上彩色图案而成。色彩鲜艳、花色繁多、有布纹质感；防火、耐潮湿、不易褪色、不易老化；施工简单、粘贴方便，可用普通洗涤剂擦洗。但装饰效果一般，对基层的遮盖能力差，墙布涂层磨损后会散出少量纤维。适用于旅馆、会议室、餐厅、居室等内墙装饰。规格为：宽 840 ~ 870mm，厚 0.17 ~ 0.20mm，长 40m/匹或 50m/匹。

（2）化纤装饰墙布

化纤装饰墙布是以化纤布为基材，经一定处理后印花制成。具有无毒无味、防潮、耐磨、不分层等特点。适用于普通公用及民用建筑内墙装饰。规格为：宽 820 ~ 840mm，长 50m。

（3）无纺墙布

采用棉、麻等天然纤维或涤纶、腈纶等合成纤维经无纺成型、上树脂、印花而制成。其图案雅致、色彩鲜艳；表面光洁，有羊毛质感；材料挺括，有弹性，能擦洗，不易褪色，纤维不易老化、散失，对皮肤无刺激作用，有一定的透气性和耐潮湿性；施工方便。但价格比较贵，适用于高级室内装饰。规格为 850 ~ 900mm，长 30 ~ 50m。

四、木质装饰板材的选用

1. 胶合板

胶合板是用椴、桦、杨、松、楸、水曲柳及进口原木等，经蒸煮、旋切或刨切成薄片单板，再经烘干、整理、涂胶后，将一定规格的单板配叠成规定的层数，每一层的木纹方向必须纵横交错，再经加热后制成的一种人造板材。胶合板都是由奇数层薄片组成，常称为三合板、五合板、七合板等，十一层以上的板材称为多层板。

胶合板具有以下特点：板材幅面大，易于加工；板材的纵向与横向的抗拉强度和抗剪强度均匀、适应性强；板面平整、收缩性小，避免了木材开裂、翘曲等缺陷；板材厚度可按需要加工，木材利用率较高。因而胶合板广泛适用于建筑、家具、运输业、纺织、仪表、包装等行业。

胶合板按用途分为普通胶合板、特种胶合板两类。其中，普通胶合板分为四类：1 类胶合板，即耐气候胶合板；2 类胶合板，即耐水胶合板；3 类胶合板，即耐潮胶合板；4 类胶合板，即不耐潮胶合板。普通胶合板按加工后胶合板上可见的材质缺陷和加工缺陷分成四个等级：特等、一等、二等、三等。特等适用于作高级建筑装饰、高级家具及其他特殊需要的制品；一等适用于作较高级建筑装饰、高中级家具、各种电器外壳等制品；二等适用于作家具，普通建筑、车辆、船舶等装修；三等适用于低级建筑装修及包装材料等。

厚度为 3mm、3.5mm、4mm 厚的胶合板为常用规格；幅面尺寸长度有 1220mm、1830mm、2135mm、2440mm 等；宽度有 915mm、1220mm。

2. 中密度纤维板

中密度纤维板（简称 MDF）是以木质纤维或其他植物纤维为原料，加脲醛树脂或其他适用的胶粘剂，经过成型、热压和后处理工序加工制成的密度在 0.5 ~ 0.88g/cm^3 的一种木质人造板材。具有组织结构均匀、密度适中、重量轻、抗拉强度大、板面平滑易于装饰、握持螺钉牢固、施工容易等特点。生产时如加入防火、防霉、防蚀等添加剂还可制成各种特殊性能的中密度纤维板，以满足各种特殊的需要。

中密度纤维板可代替天然木材，广泛应用于家具、建筑等方面。在装饰工程中，主要用于内门、隔板、地板、贴脸及窗台板、暖气罩、踢脚板、楼梯扶手和各种装饰线条等。

中密度纤维板按适用条件分为：内室型中密度纤维板（简称室内型板，符号为 MDF）适用于干燥、所有非承重的应用，如家具和装修件；室内防潮型中密度纤维板（防潮型板，MDF.H）适用于潮湿条件；室外型中密度纤维板（室外型板，MDF.E）用于室外。

产品分为优等品、一等品、合格品三个等级。产品的厚度规格为：4mm、6mm、9mm、12mm、19mm、30mm、45mm 等。产品宽度为 915mm、1220mm，长度分别为 1830mm、2135mm、2440mm。

3．微薄木装饰板

微薄木装饰板是以珍贵树种通过精密设备刨切制成的 0.2～0.5mm 厚的微薄木，以胶合板、纤维板、刨花板等为基材，采用先进的胶粘工艺，经热压制成的一种装饰板材。微薄木装饰板具有花纹美丽、真实感强、立体感强等特点，几乎与直接用珍贵树种加工的板材完全相同，适用于高档建筑室内墙面、柱面、墙裙、顶棚、装饰面的装修及家具、门的制作等。

4．宝丽板、富丽板

宝丽板又称华丽板，是以特种花纹纸贴于三合板基材之上，再在花纹纸上涂不饱和树脂，最后在表面压合塑料薄膜一层（作保护层用）加工而成。为更加增强宝丽板的装饰效果，在宝丽板表面等距离加工出宽 3mm、深 1mm 的坑槽，即为宝丽坑板，见图 2-1。坑板的槽距一般有 80mm、200mm、400mm、600mm 多种。富丽板的构造与宝丽板相同，但表面无塑料薄膜保护层。

富丽坑板是在富丽板表面加工等距离坑槽而成。

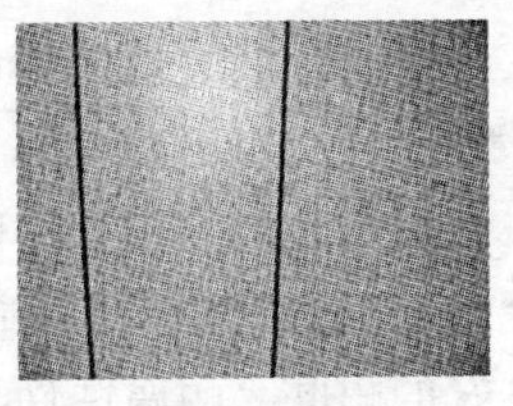
图 2-1　宝丽板

宝丽板和富丽板等产品具有易清洗、耐热、耐烫、耐酸碱等特点，产品表面光亮美观、色彩丰富、图案花纹多样，适用于室内墙面、柱面、墙裙、装饰面的装饰。产品规格为 1220mm × 2440mm。

5. 新丽板

新丽板是以高密度或中密度纤维板为基材，采用多层渗积固化表面处理及先进的彩印技术生产而成。产品具有永不氧化、永不脱落和爆裂、永不变色发黄等特点，而且花色图案繁多，外观高雅华丽，适用于建筑物室内及家具装饰等。

新丽板包括直板和曲板两种，各有金属、木纹、石纹、彩花、激光等各种装饰效果的品种。产品规格有：1220mm × 2440mm ×（3、9、12、15、18）mm。

第三节　地面装饰材料

地面装饰材料应具有安全性、耐久性、舒适性、耐磨性、耐水性、抗冲击性和耐擦洗性等。

一、地砖的选用

陶瓷铺地砖简称铺地砖或地砖，是铺地用的块状陶瓷材料，主要用做室内外地面、台阶、踏步、楼梯等处，不用做室内外墙面材料。

陶瓷铺地砖按材质分为：普通陶瓷地砖、全瓷砖、玻化砖等；按饰面状况分为：有釉砖、无釉砖、抛光砖、渗花砖等；按使用功能分为：普通铺地砖、梯级砖、防滑砖、耐磨砖、防潮砖等。砖的形状有正方形、长方形、八角形、圆角梯形等多种。砖面有单色、彩色、斑点、仿石纹理等多种花色。陶瓷铺地砖的主要规格尺寸有 200mm × 200mm、300mm × 300mm、500mm × 500mm、600mm × 600mm 等。

耐磨地砖是用天然砂、石材料，经破碎、球磨、成型、高温烧结而成。它瓷化程度高，具有石材一样的坚硬度，因而也具有良好的耐磨、耐腐蚀性。如果砖面烧制出各种凹凸的花纹图案，则还具有防滑的功能，即为防滑地砖。防滑、耐磨地砖色调高雅和谐，质感自然朴实，特别适合于人员流动大的厅堂、会议室、影剧院、写字楼或地面要求防滑或易滑的场所使用。

防潮砖是用陶土烧制而成，呈红色，又称红地砖。该砖具有质坚体轻、耐压耐磨、防潮、防滑的特点，适用于公共建筑、民用建筑楼地面及大门门廊踏步等处，特别适用于浴室和卫生间。防潮砖的形状有正方形、长方形、六角形等多种，规格尺寸有多样。

二、木质地板的选用

木地板是人们比较熟悉的地面装饰材料，主要分为实木地板、强化木地板、实木复合地板、竹材地板等类别。

1. 实木地板

实木地板是木材经烘干、加工后形成的地面装饰材料。它具有花纹自然、脚感好、施工简便、使用安全、装饰效果好的特点，是家庭装修中起居室、卧室、书房等地面装修的理想材料。实木地板的板材宜选用耐磨、纹理美、有光泽、耐朽、不易开裂、不易变形的优质木材。条木板多选用松木、杉木；硬木拼花地板及条形硬木地板多选用水曲柳、柞木、枫木、柚木、榆木等硬质木材。

实木地板按表面加工的深度分淋漆板和素板两类。淋漆板，即地板的表面已经涂刷了地板漆，可以直接安装后使用；素板，即木地板表面没有进行淋漆处理，在铺装后必须经过涂刷地板漆后才能使用。由于素板在安装后，经打磨、刷地板漆处理后的表面平整，漆膜是一个整体，因此，无论是装修效果还是质量都优于漆板，只是安装比较费时。

实木地板按地板形式分为条式木地板和拼花木地板两类。它们是应用较多的木地板。条式木地板是用宽度为 50 ~ 150mm 的板条顺序铺设而成，适用于公用建筑和家庭住宅的地面装饰。拼花木地板，其拼花面层是用较短的小木板条通过不同方向的组合拼成各种图案花纹，示意图见 2-2，适用于室内地面高级铺设。

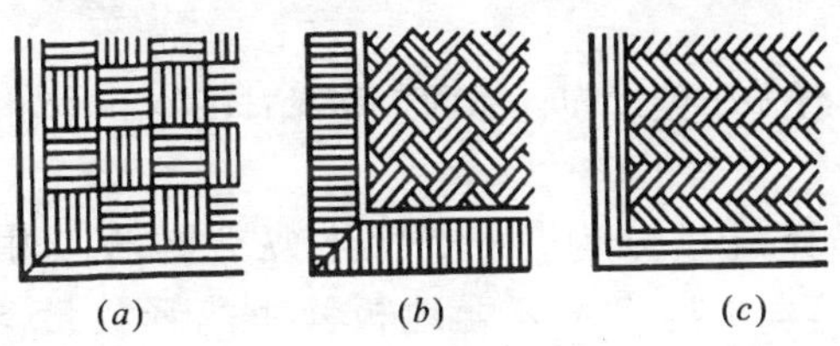

(*a*)　　(*b*)　　(*c*)

图 2-2　拼花木地板的拼接形式

（*a*）正方形地板；（*b*）芦席纹地板；（*c*）人字纹地板

实木地板按产品结构形式分主要包括榫接地板（又称企口地板）、平接地板（又称平口地板）、镶嵌地板、指接地板、竖木地板和集成材地板等。其中，企口地板拼缝紧密，有利于相邻板之间传力，整体性能好，拼装方便，且施工时可用暗钉固定，美观、牢固，其应用最为广泛。

实木地板根据产品的外观质量和物理力学性能分为优等品、一等品、合格品三个等级。

2. 实木复合地板

实木复合地板是指以实木拼板或单板为面层、实木条为芯层、单板为底层制成的企口地板和以单板为面层、胶合板为基材制成的企口地板。以面层树种来确定地板树种名称。

实木复合地板和传统的实木地板相比，由于在结构上因地板强度和干缩性能等的各项异性，减少了翘曲变形和开裂等缺陷，故使地板具有较好的尺寸稳定性和良好的耐磨性及弹性，同时还保留了实木地板自然的木纹和舒适的脚感。由于基材一般都经过一定的阻燃和抗酸处理，地板同时还具有阻燃、耐腐、抗酸、防静电等特性，而且无需油漆，重量轻于实木地板，适用于住宅、办公室、宾馆、会议厅及其他公共及民用建筑楼地面的铺装。

实木复合地板按面层材料分为：实木拼板作为面层的实木复合地板、单板作为面层的实木复合地板；

按结构分为：三层结构实木复合地板、以胶合板为基材的实木复合地板；

按表面有无涂饰分为：涂饰实木复合地板、未涂饰实木复合地板；

按甲醛释放量分为：A 类实木复合地板（甲醛释放量≤9mg/100g）、B 类实木复合地板（甲醛释放量 > 9 ~ 40mg/100g）。

实木复合地板根据产品的外观质量和物理力学性能分为优等品、一等品、合格品三个等级。

3. 强化复合木地板

强化复合木地板（浸渍纸层压木质地板）是指以中密度纤维板、高密度纤维板或刨花板为基材的浸渍纸胶膜纸贴面层压复合而成的地板。强化木地板一般为四层。面层为经过处理的耐磨层；次层为装饰层；第三层为密度板或刨花板制作的强力基层；第四层为平衡层，通常采用树脂板或采用树脂涂层处理，起防潮、阻燃、防腐蚀作用。强化复合木地板属木质地板的高档产品，具有耐磨性强，表面装饰层花纹整齐、色泽均匀，抗压性强等优点，但弹性和脚感不如实木地板。

4. 竹材地板

竹材是节木、代木的理想材料。竹材地板是以优质竹材为原料，经初步加工、脱水及防腐防蛀处理、拼装、精加工等工艺制成的地板。一般可分为全竹地板和竹材复合地板两大类。竹材地板花纹清新高雅、纹理流畅、富有自然情趣，具有防水、防霉、防腐、防蛀、坚韧耐磨、弹性好等特点，适用于各类建筑物的室内地面装饰。

第四节　顶棚装饰材料

顶棚装饰材料即室内吊顶材料，常包括装饰石膏板、木质纤维装饰板、聚氯乙烯塑料天花板、纤维水泥顶棚板、膨胀珍珠岩装饰吸声板等。

一、石膏板的选用

1．纸面石膏板

纸面石膏板是以建筑石膏、水为主要原料，经压制、凝固、干燥制成的板材，分普通型、耐水型和耐火型三种。具有自重轻、隔热、隔声、防火、抗震，可调节室内湿度，加工性好，施工简便等优点。但用纸量较大、成本较高。

普通纸面石膏板可作室内隔墙板、复合外墙板的内壁板、天花板等。耐水型板可用于相对湿度较大的环境，如厕所、浴室等。耐火型纸面石膏板主要用于对防火要求较高的房屋建筑中。

2．装饰石膏板

装饰石膏板是以建筑石膏为主要原料，掺入少量纤维增强材料和聚乙烯醇外加剂，与水一起搅拌成均匀的料浆，注入带有图案的模具内成型，再经硬化、干燥而成。为了增加装饰性，有的产品在生产时，在板面粘贴一层聚氯乙烯面层或喷涂一层花色。用做吊顶吸声板时，则将板穿以圆形、长圆形的盲孔或全穿孔，并使这些孔呈图案布置。也有以纸面石膏板为基板，再进行穿孔或表面喷涂各种花色彩图或粘贴装饰壁纸等的纸面装饰石膏板。另外，还有防火装饰石膏板、防水装饰石膏板等。

装饰石膏板具有良好的装饰性能及轻质、高强、防火、吸声、可钉、可锯、可粘、可漆等特性，可广泛用于建筑物内的顶棚装饰和墙面装饰。

装饰石膏板按构造形式可分为普通板和嵌装式板；按板材的耐湿性能又可分为普通板、防潮板两大类，每类按其板面特征又可分为平板、孔板及浮雕板三种。

装饰石膏板的常见规格见表2-6。

装饰石膏板的规格 **表2-6**

名称	规格尺寸（mm）	
	边长	边厚
普通装饰石膏板	500×500、600×600	9、11
镶嵌式装饰石膏板	500×500、600×600	>25、>28
纸面装饰石膏板	600×600、600×900、1200×2500	9、12

二、吸声板的选用

1. 软质纤维装饰吸声板

软质纤维装饰吸声板是由软质纤维板（密度在0.4g/cm^{3}以下的纤维板）经表面加工处理制成的装饰板材。它是一种吸声、保温、隔热的轻质纤维板材，广泛用于各种建筑物的吸声、隔热以及室内装饰等。

软质纤维装饰吸声板有两种。一种是表面不加特别装饰的本色软质纤维板；另一种是以软质纤维板为基材，表面贴钛白粉纸及钻孔处理，也有贴钛白粉纸后，再经静电植绒，加工形成各种图案。

2. 硬质纤维装饰吸声板

硬质纤维装饰吸声板是由硬质纤维板（密度在0.8g/cm^{3}以上的纤维板）冲制而成，并在其表面钻孔形成各种图案。该板质地坚硬、经久耐用，具有良好的吸声和防水性能，其表面可以喷涂各种花色的油漆、涂料，外观美观大方，装饰效果好，适用于各种建筑物的室内顶棚、墙面等装饰。

3. 膨胀珍珠岩装饰吸声板

膨胀珍珠岩装饰吸声板是以膨胀珍珠岩为骨料，配以适量的胶粘剂，经搅拌、成型、干燥等工艺制成的板材。膨胀珍珠岩装饰吸声板具有质轻、装饰效果好、防火、防潮、防蛀、耐酸、施工装配化、可锯割等优点。可用于公共建筑的音质处理和工业厂房的噪声控制，也用于民用和其他公共建筑的顶棚和内墙装饰。

膨胀珍珠岩装饰吸声板按所用胶粘剂的不同，可分为水玻璃珍珠岩吸声板、水泥珍珠岩吸声板和聚合物珍珠岩吸声板等；按表面结构形式不同，可分为不穿孔、半穿孔、穿孔型、凹凸型和复合型珍珠岩吸声板，见图 2-3。按使用功能，可分为用于一般环境的普通板（PB）和用于高湿度环境的防潮板（FB）。产品据外观质量、性能分为优等品、一等品和合格品三个级别。

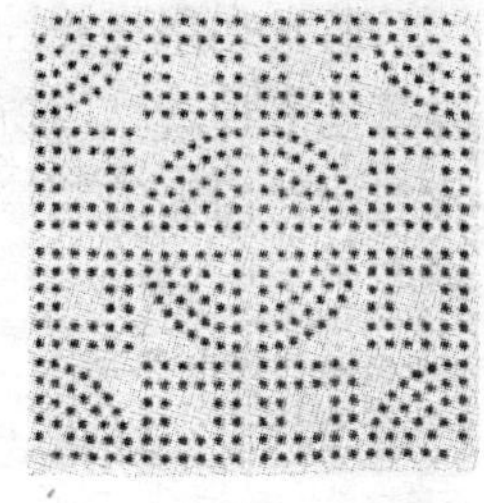

图 2-3　珍珠岩装饰吸声板

膨胀珍珠岩装饰吸声板的规格尺寸，主要有 400mm × 400mm、500mm × 500mm、600mm × 600mm，厚度 15mm、17mm、20mm。

三、塑料天花板的选用

聚氯乙烯塑料天花板是以聚氯乙烯树脂为基料，加入适量抗老化剂、改性剂等助剂，经混炼、压延、真空吸塑等工艺制成的浮雕型装饰材料。

聚氯乙烯塑料天花板有多种颜色和图案，具有质轻、防潮、隔热、不易燃、不破裂、可涂饰、易安装、价格低廉等优点，适用于住宅建筑的室内吊顶或墙面装饰。聚氯乙烯塑料天花板的产品规格一般为 500mm × 500mm ×（0.4、0.5）mm，有多种颜色和图案。

第五节　建筑门窗及玻璃

一、塑钢门窗的选用

塑钢门窗也叫塑料门窗，是以聚氯乙烯（PVC）树脂为主要原料，加上一定比例的稳定剂、着色剂、填充剂、紫外线吸收剂等，经挤出成型材，然后通过切割、焊接或螺栓连接的方式制成门窗框扇，配装上密封胶条、毛条、五金件等，同时为增强型材的刚性，通常在型材空腔内需要添加钢衬，所以称为塑钢门窗。塑料门窗是一种新型门窗，它的优越性能正被人们逐步认识。目前，我国塑料门窗的制造技术已基本成熟，主要性能指标已达到国际标准。

1. 塑料门的品种

塑料门按其结构形式分为镶嵌门、框板门和折叠门。按其开启方式分为平开门和推拉门，平开门与传统木门的开启方式相同，推拉门是固定在导轨内，开关时门在其内运动实现开启或关闭。与平开门相比，推拉门节约了开启时所占用的空间。此外，还有带纱扇门和不带纱扇门；有槛门和无槛门等。

2. 塑料窗的品种

塑料窗按其结构形式分为平开窗（包括内开窗、外开窗和滑轨平开窗）、推拉窗（包括上下推拉窗和左右推拉窗）、上旋窗、下旋窗、垂直滑动窗和固定窗等。此外，平开窗和推拉窗还有带纱扇窗和不带纱扇窗。

3. 其他塑料门窗

（1）塑料百叶窗

塑料百叶窗是采用硬质改性聚氯乙烯塑料叶片经编织缝制而成或穿挂而成。塑料百叶窗既可以起遮挡作用，又具有视觉效果，同时通风透气，消声隔声。与布类棉质窗帘相比，更具有格律韵味，给人以高雅、神秘的感觉和气氛。尤其是垂直悬挂式的合成纤维与塑料复合编织缝制而成的百叶窗，具有拉走敞开、拉回遮挡的作用及摆动飘逸的特性，装饰效果颇佳。

（2）玻璃钢门窗

玻璃钢门窗是以合成树脂为基材，以玻璃纤维及其制品为增强材料，经一定成型加工工艺制作而成。其结构形式一般有实心窗、空腹窗及隔断门和走廊门、窗等。玻璃钢门窗与传统的钢门窗相比，具有轻质、高强、耐久、耐热、抗冻、成型简单等特点，其耐腐蚀性能更为突出。此类门窗除用于一般建筑之外，还特别适用于湿度大、有腐蚀性介质的化工生产车间、火车车厢，以及各种冷库的保温门。

4. 塑料门窗的特性

（1）优良的保温、隔热性能

塑料门窗的保温、隔热性能比钢、铝、木门窗都好。而且塑料门窗的型材多为腔式断面结构，自身具有良好的隔热性。对于塑料门窗而言，由于门窗框与玻璃间的密封条的密封性能好，使门扇及窗扇的气密性和水密性等封闭性能良好；此外，塑料门窗本身结构紧密，缝隙小，也使其具有很好的封闭性，减少了门窗缝隙中空气的流动，降低了能耗。所以，塑料门窗是目前深受欢迎的节能型门窗，可以明显节约供热采暖和空调制冷的能耗。

（2）耐腐蚀性好

塑料门窗不锈、不朽、不需涂刷油漆，对酸、碱、盐或其他化学介质的耐腐蚀性好，而且不受废气、酸雨等的侵蚀影响，这是其他材质的门窗所无法相比的。

（3）隔声效果好

塑料门窗型材断面大，内部充满了空气且被分隔成小空腔，接缝严密，各缝隙连接处又有软质密封条，故塑料门窗隔声效果良好，隔声量可达25～40分贝，能有效地防止室外噪声干扰，保持室内环境清新宁静，有助于改善或调整室内环境气氛使人轻松闲静、放松神经，减缓精神及心理压力。

（4）装饰效果好

塑料门窗与木质、钢质、铜铝合金质同类产品相比，色彩艳丽丰富、花色繁多、色调高雅、富丽堂皇。加入特殊添加剂制成的及经过特殊工艺处理的塑料门窗类装饰产品，色彩稳定，不易老化褪色，而且具有较好的耐污染性。因而又给人以洁净、卫生的印象，符合现代社会的生活理念。

(5) 使用性能好

塑料门窗轻质高强，开启力小，与其他金属类门窗不同，塑料门窗开关时发出低频声音，杜绝了金属撞击噪声。又由于塑料导热能力小，使门窗的手感温暖舒适。塑料门窗长期使用外观不变，装饰性不减。

总之，塑料门窗不仅装饰性好，而且强度较高、开启性好、耐老化、耐腐蚀、保温隔热、隔声、防水、防火、抗震等各项技术性能均佳，是具有广阔发展前景的一类装饰材料。

5. 选购塑料门窗注意事项

(1) 不买廉价塑料门窗

好塑料门窗的塑料质量、内衬钢质量、五金件质量都较高，寿命可达到十年以上。而廉价门窗使用的型材，碳酸钙含量超过50%，添加剂含有铅盐，稳定性差，且影响人体健康；内衬钢是热轧板，厚度不够，有的甚至没有内衬钢，玻璃、五金件也都是劣质品；使用寿命只有二三年。

(2) 重视表面质量

门窗表面的塑料型材色泽应为青白色或象牙白色，洁净、平整、光滑，大面无划痕、碰伤，焊接口无开焊、断裂。质量好的塑钢门窗表面应有保护膜，用户使用前再将保护膜撕掉。

(3) 重视玻璃和五金件

玻璃应平整、无水纹。玻璃与塑料型材不直接接触，有密封压条贴紧缝隙。五金件齐全，位置正确，安装牢固，使用灵活。

二、铝合金门窗的选用

铝合金门窗是由经表面处理的铝合金型材，经下料、打孔、铣槽、攻丝和组装等工艺，制成门窗框构件，再与玻璃、连接件、密封件和五金配件组装成门窗。

1. 铝合金门窗的品种

铝合金门窗按开启方式分为推拉门窗、平开门窗、固定窗、悬挂窗、百叶窗、纱窗和回转门窗等。其中，推拉门窗是指门窗可左右推拉开关；平开门窗是指门窗可绕合叶旋转开关；固定窗是固定不开的窗；百叶窗是由铝合金叶片组成的，用于通风或遮阳、叶片角度可调的窗子。

2. 铝合金门窗的等级

铝合金门窗按抗风压强度、空气渗透性能和雨水渗透性能分为A、B、C三类，分别表示高性能、中性能和低性能。每一类又分为优等品、一等品和合格品三个等级。

3. 铝合金门窗的特点

(1) 质量轻、强度高

铝合金的密度仅为钢材的1/3，且门窗框材采用薄壁型材，每平方米耗用铝型材质量为8~12kg（每平方米钢门窗耗钢量为17~20kg），但其强度接近普通低碳钢，是一种轻质高强的材料。

(2) 密封性能好

铝合金型材的加工精度高，装配极其严密，而且采用了橡胶压条及性能优异的密封材料封缝，使铝合金门窗具有优良的气密性、水密性、隔热性和隔声性等密封性，因而可有效改善建筑物的使用功能和降低能耗。

(3) 装饰性好

铝合金门窗造型新颖大方、线条明快，而且窗扇框架大，可镶较大面积的玻璃，让室内光线充足明亮，增强了室内外之间立面虚实对比，让居室更富有层次。

(4) 耐久性好，使用维修方便

铝合金门窗具有优良的耐腐蚀性能，不锈蚀、不脱落、不褪色，表面几乎不用维修。而且强度高、刚度大、不易变形、坚固耐久；零配件使用寿命长，开启轻便灵活，无噪声。

(5) 便于进行工业化生产

铝合金门窗的加工、制作和装配等都可在工厂进行大批量的工业化生产，有利于实现产品设计标准化、系列化和零配件通用化，生产效率高，且质量容易控制，同时现场安装非常简便。

三、木门窗的选用

1．木门窗的品种

木门窗在室内装饰工程中使用比较多，特别是木门。木门窗的种类很多，按开启方式分，有平开门（窗）、推拉门（窗）、中悬窗、立转窗、提拉窗及固定窗等；按制作材料分，有双包门、实木门、一次成型门、镶嵌玻璃门等。

双包门是用木龙骨做框，门的两面包板，门的四周用实木封边。双包门不加木线装饰的，也称为板式门。若用胶合板加木线巧妙地配合使用，也可以作出仿欧式实木门的效果。

实木门是利用天然实木板加工制作的门，以硬木为佳。其特点是美观耐用，但在北方地区容易出现干裂。

一次成型门是经过专用设备压合而成的门，门的中间材料为中密度板，门的两面为天然木片。一次成型门美观大方，比较经济耐用，外观很像实木门，需要定做。

镶嵌玻璃门是以实木做内框，门上镶有大小相等的多块玻璃，俗称为日式门。

2．木门窗的质量要求

（1）四角应方正，表面应净光或砂磨，不得有刨痕、毛刺或锤印；

（2）框扇的线型应符合设计要求。割角、拼缝应严实平整；

（3）框扇应无翘扭、弯曲、劈裂等缺陷；

（4）门窗构件制成后，应立即刷一遍底油，防止受潮变形；

（5）门窗框扇要有满足使用的力学强度。

四、玻璃的选用

玻璃是现代建筑广泛使用的装饰材料之一。随着现代建筑发展的需要和人们对建筑物使用功能和舒适性要求的提高，促使玻璃及其制品由过去单纯作采光之用，向多功能、多用途、多品种的方向发展，常用玻璃有以下几种。

1. 普通平板玻璃

凡以石英砂、硅砂、钾长石、纯碱、芒硝等原料按一定比例配制，经熔窑高温熔融，通过垂直引上或平拉、延压等方法生产出来的无色、透明平板玻璃统称为普通平板玻璃，又称白片玻璃或净片玻璃。它是建筑中使用最早、应用最广泛的一种玻璃。

普通平板玻璃具有透光、透视、隔声、隔热、耐腐蚀等优良性能及一定的装饰性和价格较便宜等优点，主要用做门窗玻璃和其他最普通的采光、装饰设备。缺点是韧性差、防紫外线能力差、产品易出现质量缺陷，所以在许多方面的使用渐被浮法平板玻璃取代。

按厚度分：2mm、3mm、4mm、5mm 四类；按等级分：优等品、一等品、合格品三类；玻璃板应为矩形，尺寸一般不小于 600mm×400mm。

2. 浮法玻璃

浮法玻璃是平板玻璃的一种。它是以海砂、石英砂岩粉、纯碱、白云石等原料，按一定比例配制，经熔窑高温熔融，玻璃液从池窑连续流出并浮在有还原气氛保护的金属液面上（如锡液等），摊成厚度均匀、上下两表面平行、平整、经火抛光的玻璃带，冷却硬化后脱离金属液，再经退火切割而成。

浮法工艺具有产量高、整个生产线可实现自动化、玻璃表面特别平整光滑、厚度非常均匀、光学畸变很小等特点，产品质量高，适用于高级建筑门窗、橱窗、指挥塔窗、夹层玻璃原片、中空玻璃原片、制镜玻璃、有机玻璃模具，以及汽车、火车、船舶的风窗玻璃等。

浮法玻璃按用途分为制镜级、汽车级、建筑级；按厚度分为以下种类：2mm、3mm、4mm、5mm、6mm、8mm、10mm、12mm、15mm、19mm；玻璃板应为正方形或长方形，尺寸可由供需双方协商。

3. 钢化玻璃

钢化玻璃是安全玻璃的一种。安全玻璃是指与普通玻璃相比，具有力学强度高、抗冲击能力好的玻璃。安全玻璃被击碎时，其碎块没有尖锐的棱角不会伤人或者碎而不散不会伤人；安全玻璃兼具有防火、防盗等功能。

钢化玻璃具有弹性好、抗冲击强度高（是普通平板玻璃的4~5倍）、抗弯强度高（是普通平板玻璃的3倍左右）、热稳定性好以及光洁、透明等特点，且在遇超强冲击破坏时，碎片呈分散细小颗粒状，无尖锐棱角，因此不伤人。它以薄代厚，可减轻建筑物的重量、延长玻璃的使用寿命、满足现代化建筑结构轻质高强的要求，适用于建筑门窗、隔墙、玻璃幕墙等。钢化玻璃不能裁切，订购时尺寸一定要准确，以免造成损失。

钢化玻璃按形状可分为平面钢化玻璃和曲面钢化玻璃两种；按应用范围分为建筑用钢化玻璃和建筑以外用钢化玻璃。

4. 压花玻璃

压花玻璃又称花纹玻璃或滚花玻璃，系用压延法生产玻璃时，在压延机的下压辊面上刻以花纹，当熔融玻璃液流经压辊时即被压延而成。除普通的压花玻璃外，尚有真空镀膜压花玻璃、彩色膜压花玻璃等。

压花玻璃表面凹凸不平，所以有透光不透明的特点；另外，压花玻璃表面有各种花纹图案，又有各种颜色，因此有良好的装饰性，给人一种素雅、美丽、清新、华贵和富丽堂皇的感觉。适用于办公室、会议室、厨房、卫生间及公共场所分隔室等的门窗和隔断等处。

压花玻璃按厚度分为3mm、4mm、5mm、6mm、8mm五种规格；按产品外观质量分为一等品和合格品两类。

5. 磨砂玻璃、喷砂玻璃

磨砂玻璃、喷砂玻璃又称毛玻璃、暗玻璃。磨砂玻璃是采用普通平板玻璃，以硅砂、金刚砂、石榴石粉等为研磨材料，加水研磨而成；喷砂玻璃是用普通平板玻璃，以压缩空气将细砂喷至玻璃表面研磨加工而成。

这两种玻璃表面粗糙，光线通过后会产生漫射，具有透光不透视的特点，并能使室内光线柔和而避免眩光。适用于需要透光不透视的门窗、隔断、浴室、卫生间及黑板面、灯罩等。

6. 刻花玻璃、喷花玻璃

刻花玻璃是以平板玻璃经涂漆、雕刻、围蜡与酸蚀、研磨而成。其中的蚀刻玻璃是以氢氟酸溶液按预先设计好的风景字画、花鸟鱼虫、人物建筑、花纹图案在平板玻璃上腐蚀加工而成。刻花玻璃适于做门窗、家具、屏风、灯具玻璃及其他装饰玻璃。

喷花玻璃又称胶花玻璃，是在平板玻璃表面贴以花纹图案、抹以护面层、经喷砂处理而成。具有部分透光透视、部分透光不透视及图案清晰、雅洁美观等特点，装饰性强，适于做玻璃屏风、桌面、家具等。

第六节　装饰骨架材料

在建筑装饰工程中，用来承受装饰墙面、柱面、地面、门窗和顶棚饰面材料重量的受力骨架，称为装饰骨架。装饰骨架的主要作用是：固定、支撑和承重。装饰工程常用的骨架材料有：木骨架材料、轻钢龙骨材料、铝合金龙骨材料、轻质隔墙板材料等。

一、木骨架的选用

1. 木骨架的分类与性能

木骨架分为内木骨架和外木骨架两种。内木骨架是指用于顶棚、隔墙、木地板搁栅等的骨架，多选用材质较松，纹理不美观，且含水干缩小、不易开裂、不易变形的树种；外木骨架是指用于高级门窗、楼梯扶手、栏杆、踢脚板等外露式栅架，多选用木质较硬、纹理清晰美观的树种。

2. 木骨架的常用规格

(1) 吊顶木骨架

吊顶木骨架通常采用方格结构，以便面板与龙骨能牢固结合，方格结构的常用尺寸为：250mm × 250mm、300mm ×

300mm、400mm×400mm 三种。如果吊顶采用高低叠级或圆拱等造型，则需按设计或造型要求合理选用木骨架的断面和间距，吊顶木骨架断面常用尺寸有 25mm×35mm 和 30mm×45mm 两种。

（2）隔墙木骨架

隔墙木骨架有单层木骨架和双层木骨架两种结构形式。单层木骨架以单层木方为骨架，其厚度一般不小于 100mm。双层木骨架以两层方木组合成骨架，骨架之间用横杆连接，其厚度一般在 120～150mm 之间。

隔墙木骨架的结构通常采用方格结构，方格结构的尺寸根据面层的规格来确定，通常木骨架方格结构的尺寸为 300mm×300mm 和 400mm×400mm 两种，单层隔墙木骨架常用的断面有 30mm×45mm、40mm×55mm 两种；双层隔墙木骨架常用的断面为 25mm×35mm。

（3）墙面木骨架

建筑墙面上的木骨架，常用的结构形式有方格结构和长方结构。方格结构尺寸一般为 300mm×300mm，长方结构尺寸一般为 300mm×400mm，其木骨架的断面尺寸一般为 25mm×30mm、25mm×40mm、25mm×50mm、30mm×40mm 几种。

（4）墙裙木骨架

墙裙木骨架指沿建筑物内墙面做的 300mm×300mm 的方格结构的木骨架。木骨架的高度通常在 800～1200mm 之间。墙裙木骨架的断面尺寸一般为 25mm×35mm。

（5）其他木骨架

其他木骨架（如门窗框料、地面木棱等）均依据设计要求确定其截面尺寸，其规格尺寸是不定的。通常门窗框料选择 75mm×100mm、100mm×150mm 等，地面木棱选择 30mm×50mm 较多。断面尺寸选择尽量为长方形，以便节约木材。

在实际使用中，木骨架材料具有使用方便、造型丰富、造价较低的特点，但浪费木材，容易干燥收缩，出现裂缝，且防火性能差，必须经过防火处理，在现代装饰工艺中吊顶和隔墙已普遍被轻钢龙骨或其他材料所取代。

二、金属龙骨的选用

1. 轻钢龙骨材料

轻钢龙骨是目前装饰工程中最常用的顶棚和隔墙的骨架材料。它具有自重轻、刚度大、防火、抗震性能好、加工安装简便等特点，适用于工业民用建筑室内隔墙和吊顶所用的骨架。隔墙轻钢龙骨及配件见图2-4，吊顶轻钢龙骨及配件见图2-5。

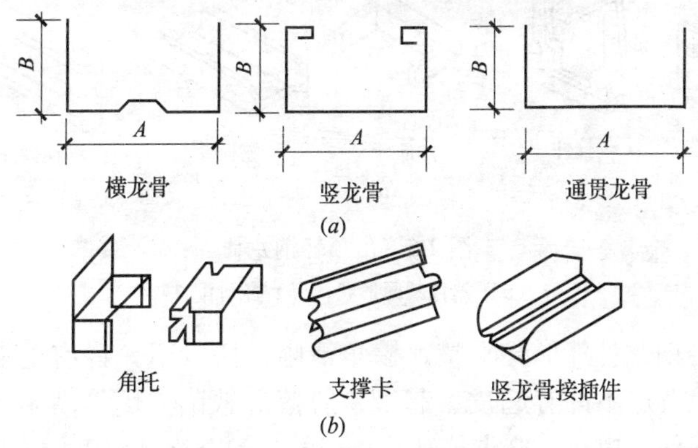

图2-4 隔墙轻钢龙骨
（a）龙骨断面形状；（b）龙骨配件

（1）轻钢龙骨

建筑用轻钢龙骨（简称龙骨）是以冷轧钢板、镀锌钢板或彩色涂层钢板作原料，采用冷弯工艺生产的薄壁型钢。

用于墙体的轻钢龙骨称为墙体龙骨（代号Q），由横龙骨（墙体和建筑结构的连接构件）、竖龙骨（墙体的主要受力构件）、通贯龙骨（竖龙骨的中间连接件）及配件组成。用于吊顶的轻钢龙骨称为吊顶龙骨（代号D），由承载龙骨（主要受力构件）、覆面龙骨（固定饰面层的构件）及配件组成。轻钢龙骨按其断面形状不同，可分为C型、U型、T型、L型、H型和V型龙骨等多种。

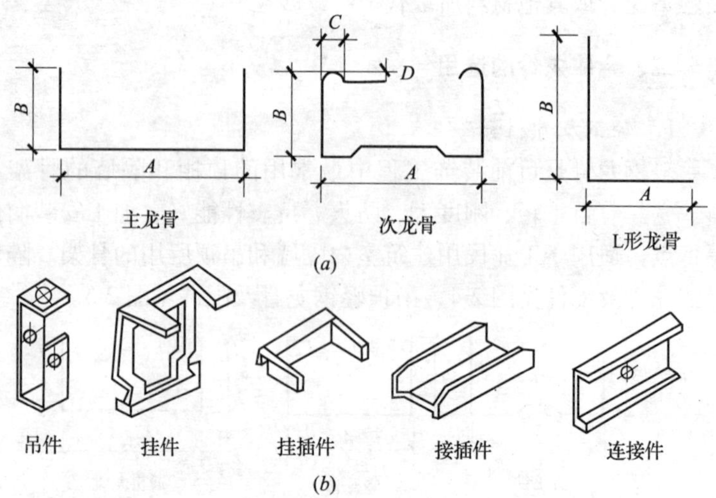

图 2-5　吊顶轻钢龙骨

（*a*）龙骨断面形状；（*b*）龙骨配件

轻钢龙骨外形要平整，棱角清晰，切口不允许有毛刺和变形；镀锌层不许有起皮、起镏、脱落等缺陷。优等品不许有腐蚀、损伤、黑斑、麻点等缺陷；一等品和合格品应无较严重的腐蚀、损伤、麻点；面积不大于 1cm^2 的黑斑每米长度内不多于 3 处。

（2）轻钢龙骨配件

轻钢龙骨配件以冷轧薄钢板为原材料，经冲压成型，用作组合轻钢龙骨墙体、吊顶骨架。

墙体龙骨配件（代号 Q）有：支撑卡（代号 ZC），用于覆面板材与龙骨固定时辅助支撑竖龙骨；卡托（代号 KT），用于竖龙骨开口面与横撑龙骨之间的连接；角托（代号 JT），用于竖龙骨背面与横撑龙骨之间的连接；通贯龙骨连接件（代号 TL），用于通贯龙骨接长。

吊顶龙骨配件（代号 D）有：吊件（普通吊件，代号 PD；弹簧卡吊件，代号 TD），用于承担龙骨和吊杆之间的连接；挂件

（压筋式挂件，代号 YG；平板式挂件，代号 PG），用于覆面龙骨和承载龙骨之间连接；承载龙骨连接件（代号 CL），用于承载龙骨加长的连接；覆面龙骨连接件（代号 FL），用于覆面龙骨加长的连接；挂插件（代号 GC），用于覆面龙骨垂直相接的连接。

2. 铝合金龙骨材料

铝合金龙骨材料是装饰工程中用量最大的一种龙骨材料，具有质量轻、强度高、易加工、装饰好等优良性能。

（1）铝合金吊顶龙骨

采用铝合金材料制作的吊顶龙骨，具有质轻、高强、不锈、美观、抗震、安装方便等特点，主要适用于室内吊顶装饰。铝合金吊顶龙骨一般常用的为 T 型，可与板材组成 450mm × 450mm、500mm × 500mm、600mm × 600mm 的方格，不需要大幅面的吊顶板材，可灵活选用小规格吊顶材料。铝合金材料经过电氧化处理，光亮、不锈、色调柔和，吊顶龙骨呈方格状外露，美观大方。

（2）铝合金隔墙龙骨

铝合金隔墙是用大方管、扁管、等边槽、连接角等四种铝合金型材做成墙体框架，用厚玻璃或其他材料做成墙体饰面的一种隔墙方式。铝合金隔墙的特点是：空间透视很好，制作比较简单，墙体结实牢固。主要适用于办公室的分隔、厂房的分隔和其他较大空间的分隔。

三、轻质隔墙板的选用

目前，在隔墙装饰工程施工中常用的新型隔墙板有：GRC 空心轻质隔墙板、泰柏板、轻质加气混凝土板（块）等。

1. GRC 空心轻质隔墙板

GRC 空心轻质隔墙板是以普通硅酸盐水泥及掺量达 30% 以上的粉煤灰为基料，以耐碱玻璃纤维为增强材料，用特殊方法及专用成型机组一次成型制成的轻质隔墙板见图 2-6。

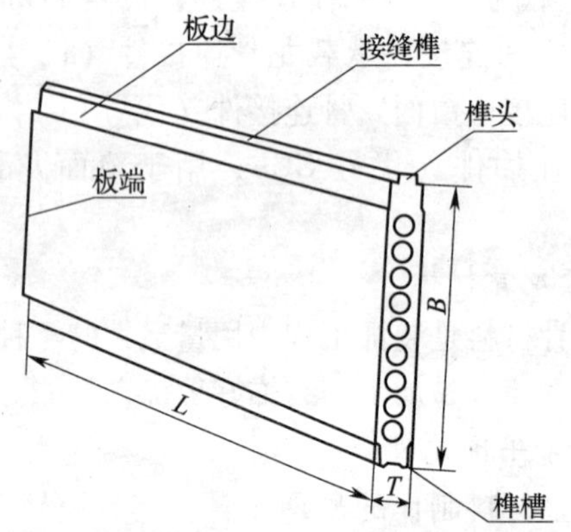

图 2-6　GRC 轻质多孔隔墙条板外形示意图

GRC 空心轻质隔墙板具有非常独特的性能，主要表现在以下五个方面：

（1）材质很轻。其单位面积的重量仅为普通黏土砖的 10% 左右，对于方便施工、增加抗震能力、减小承重结构的断面、减轻对楼板荷载、利于隔墙的布置等方面，均有很好作用。

（2）强度利用系数高。GRC 空心轻质隔墙板属于一种轻质高强材料，其比强度较高，作为室内的隔墙板或建筑围护，可以充分发挥其强度的利用系数，做到轻质高强、材尽其用。

（3）耐火性能好。由于这种隔墙板以普通硅酸盐水泥和粉煤灰作为基料，所以其耐火性能良好，具有不燃烧、不助燃、耐高温等优点。

（4）便于电气线路等设施的布置。GRC 空心轻质隔墙板在预制时，可以根据室内电气线路等的设计，预留纵、横线槽，这样既方便电气线路的安装，又符合装饰美观的要求。

（5）面板与轻质墙板粘结牢固。轻质墙板的材料性质，与混凝土是完全相同的，因此可以与大多数面板相粘结，并且具有较好的粘结性。

由于 GRC 轻质隔墙板具有以上优良特性，可广泛用于工业与民用建筑的内隔墙；改建、加层或大开间住宅的隔断；公共设施和电梯通道的防火板、建筑围护、隔声墙等。GRC空心轻质隔墙板的厚度分为60mm、90mm、120mm；宽度为600mm；高度为2500~3200mm。

2. 泰柏板

泰柏板，又称钢丝网泡沫塑料墙板，是以三维空间焊接钢丝网笼为构架，充填泡沫塑料作为芯层，两面分别喷涂或抹水泥砂浆而制成的轻质板材，见图2-7。它不仅具有质量轻、强度高、防火性好、隔声性优良、不腐烂等性能，而且具有搬运、剪裁、拼接、施工简便等特点。泰柏板主要用于工业与民用建筑的内隔墙和加层建筑的内外隔墙，但考虑到这种隔墙板的耐火极限一般，所以高度在100m以上的高层建筑，房间面积在100m^{2}以上的二类高层民用建筑的隔墙不宜采用该类板材。

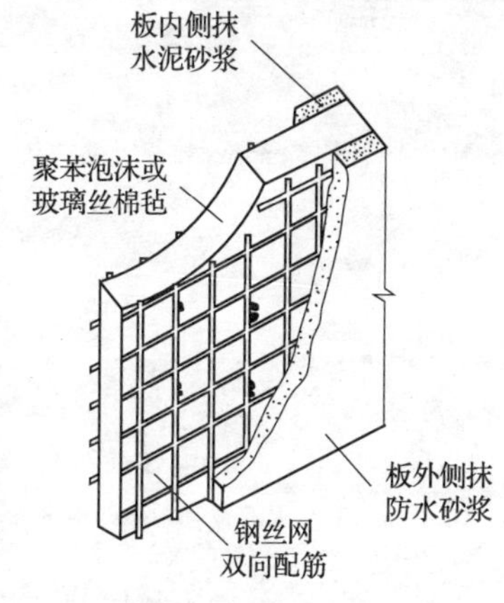

图2-7 泰柏板示意图

泰柏板分为两种：1）泰柏板：各桁条的间距为50.8mm；2）轻型泰柏板：各桁条的间距为203mm。产品长度分为2140mm、2440mm、2740mm；宽度1220mm；厚度76mm。

3. 轻质加气混凝土板（块）

轻质加气混凝土板（块）是以石英砂为基料，以水泥和石灰为胶粘剂，以石膏为硬化剂，以铝粉为发泡剂，经过高温（180℃）高压养护而制成的多孔状板（块）。

轻质加气混凝土板（块）是一种轻质、保温、防火、隔声的装饰材料，可适用于建筑的外围护墙、内隔墙、楼板及屋面板，砌块既可用于建筑的内外墙和填充墙，又可作为砖混结构的承重内外墙；适用于各种结构形式的建筑，尤其适用于住宅、厂房及各类公共建筑。

轻质加气混凝土的产品，主要分为板和砌块两种。砌块一般不需要配置钢筋，而板应依据设计需要配置钢筋。砌块的规格：长度 600mm，厚度 100mm、150mm、200mm、250mm、300mm，高度 250mm。墙板的规格应按设计要求，一般为：长度 1000～6000mm 以 50mm 递增，宽度 600mm，厚度 100mm、150mm、200mm、250mm 等。

第三章　绿色建材

我国传统建筑材料中的三大基材——水泥、钢材、木材，过去一直是建筑业中的主要产品，为广大城市和乡村的基础设施建设以及美化人民生活作出了不可磨灭的贡献。然而随着人类对自然环境和居住环境要求的提高，这些传统建材产品的突出劣势，如用量大、能耗高、污染较严重、破坏生态环境等问题已暴露出来，并引起了各界人士的普遍关注。

环境质量的研究表明，一些装饰材料在施工和使用过程中会散发或辐射有害气体和有害物，污染环境，影响人体健康。目前，国际上公认的一些建筑材料中的有毒有害物包括：甲醛、人造矿物纤维、氡、石棉、氧化氮及有机物、一氧化碳、二氧化碳等。事实证明，人们长期接触甲醛会引起头疼、眼睛和皮肤发干、眼鼻发炎；长期在超量氡辐射下，会导致呼吸道炎、白血病、肺癌等；而石棉是国际公认的环境致癌物。

当前，世界各国都在高举绿色建材的旗帜。所谓绿色建材，是指采用清洁生产技术、少用天然资源和能源、大量使用工业或城市固态废物生产的、有利于环境保护和人体健康的建筑材料。从广义上讲，绿色建材不是单独的建材品种，而是对建材“健康、环保、安全”属性的评价，包括对生产原料、生产过程、施工过程、使用过程和废弃物处置五大环节的分项评价和综合评价。绿色建材的基本功能除作为建筑材料的基本实用性外，就在于维护人体健康、保护环境。美国及西欧等发达国家的建材达到“绿色”标准的均超过90%，而在我国还不到5%，尚处于萌芽状态。随着社会各界对这一问题的日益重视，从长远看，绿色建材取代传统建材是大势所趋。

第一节 绿色建材的特征

“绿色建材”也称为“生态建材”、“环境建材”、“健康建材”等。绿色建材强调建材与生态环境的协调或共存，强调有利于人体健康和环境保护。与传统建材相比，绿色建材应有以下几个方面的特征：

（1）节约资源。生产过程中尽可能大量使用工农业生产废弃物（如各种尾渣、废液、植物秸秆等），或城市固态废弃物（如生活垃圾、废旧轮胎等），从而少用天然资源。

（2）节约能源。采用低能耗生产制造工艺，减少对自然能源的消耗。

（3）无污染。采用无污染的生产技术（称之为清洁生产技术），不对生态环境造成污染；在装饰材料、粘结剂、涂料等材料的配制和生产过程中，不使用甲醛、卤化物溶剂、芳香族碳氢化合物和铅、镉、铬及其化合物的颜料和添加剂，产品中不含有汞及其化合物，从而不对居住环境造成污染。

（4）多功能化。随着社会物质生活水平的提高，人们对建筑物的功能需求将不断增长，因此绿色建材产品的设计及质量以改善生态环境、提高生活质量为宗旨，使产品具有多种功能，如抗菌、灭菌、防霉、除臭、隔热、阻燃、防火、调湿、调温、消磁、防射线、抗静电等，甚至具有调节人体机能的作用。

（5）可循环利用。绿色建材不仅考虑其生产和使用中对生态和环境的影响，而且还要考虑其使用后的处理。绿色建材产品是可循环的或可再生利用的，不产生对环境造成污染的废弃物。

第二节 绿色建材的发展现状

（1）现在全社会的环境保护意识在不断增强，营造绿色建筑、健康住宅正成为越来越多的开发商、建筑师追求的目标。人们不但注重单体建筑的质量，也关注小区的环境；不但注重结构安全，也关注室内空气的质量；不但注重材料的坚固耐久和价格低廉，也关注材料消耗对环境和能源的影响。同时，用户的自我保护意识也在增强。今天，人们除了对煤气、电器、房屋结构方面可能出现的隐患日益重视外，对一些慢性危害人体健康的东西的认识也在加强，人们已经意识到“绿色”和我们息息相关。

（2）开发生产了一批“绿色建材”。通过引进、消化、借鉴，先后开发出环保型、健康型的壁纸、涂料、地毯、复合地板、纤维强化石膏板等装饰建材，如“防霉壁纸”是壁纸革命性的改变。

（3）重视施工过程中的环境问题。目前建筑行业主要的环境因素有噪声的排放、粉尘的排放（扬尘）、运输的遗洒，大量建筑垃圾的废弃，油漆、涂料以及化学品的泄露，资源能源的消耗如生产、生活中水电的消耗，装修过程中油漆、涂料、胶及含胶材料中甲苯、甲醛气味的排放等。对此，一些企业已通过 ISO 14001 环境管理标准认证。

（4）各级政府主管部门适时强制淘汰落后产品和工艺。建设部、国家经贸委、质量技术监督局、国家建材局联合发布的《关于在住宅建设中淘汰落后产品的通知》中明确规定，从 2000 年 6 月 1 日起，在新建住宅中，淘汰砂模铸造铸铁排水管道，推广应用硬聚乙烯（UPVC）塑料排水管和柔性接口机制铸铁排水管。禁止使用冷镀锌钢管，推广应用铝塑复合管、交联聚乙烯管等。同时，逐步限时禁止使用实心黏土砖，积极推广采用新型建筑结构体系及与之相配套的新型墙体材料及推荐使用无害、无放射、无污染的环保产品。

（5）制定室内装饰装修材料有害物质限量强制性国家标准。2001 年 12 月 29 日，国家质量监督检验检疫总局和国家标准化管理委员会联合发布了《室内装饰装修材料有害物质限量 10 项强制性国家标准》。该标准从 2002 年 1 月 1 日起实施，2002 年 7 月 1 日起正式执行。届时，市场上将停止销售不符合这 10 项标准的产品。包括：人造板及其制品、内墙涂料、溶剂型木器涂料、胶粘剂、地毯及地毯用胶粘剂、壁纸、木家具、聚氯乙烯卷材地板、混凝土外加剂、建筑材料放射性核元素等。这些标准完全参照了国际最先进的相关标准，对装饰装修材料中的甲醛、苯、铅、汞等有害物质的含量做出了明确的限制。

第三节　绿色建材的发展方向

近年来，绿色建材在我国得到了大力研究和开发，正在发展之中。在此仅从以下几个方面对绿色建材的研究及发展作一简要介绍。

1. 以工业废弃物大量替代水泥的技术

在混凝土中用大量矿渣、粉煤灰等工业废弃物替代水泥，如以矿渣超细粉可以替代30%~60%的水泥，采用粉煤灰可替代15%~40%的水泥。这样就可以节约大量水泥，减少水泥的生产量，从而减少对自然资源的消耗，减少CO_2排放量，同时可大量利用工业排放物。

2. 高耐久性或超耐久性混凝土的研究

混凝土材料是当今世界用量最大的人造材料，目前我国的混凝土用量已居全球之冠，多年来人们普遍存在着一种观念，认为混凝土是一种耐久性很好（即使用寿命很长）的材料，其实不然，目前的混凝土材料的基本缺点之一就是耐久性不高（即使用寿命不长）。不少工程在使用10~20年后，有的甚至在使用几年后就需要维修或拆除重建。这不仅是对自然资源巨大的浪费，而且还会造成严重的二次污染。因此提出了混凝土材料的高耐久性或超耐久性研究。

3. 多功能建材的开发

建筑材料的传统作用是发挥其结构功能，即作为结构材料使用。随着社会物质水平的提高，人们对建筑物的功能需求将不断增长，要求建筑材料为建筑物提供多种功能，以营造舒适的生活空间。因此，建筑材料除了发挥传统的结构功能外，还应具有抗菌、防霉、调温、调湿等功能，还可以吸收或分解有害气体。即未来的建筑材料既是结构材料，又是功能材料。

4. 建筑材料再生循环与利用的研究

近年来，我国基本建设发展速度很快。在大量新建、改建土木工程和建筑物时，必然会产生大量的建筑废弃物。这些大量的建筑废弃物若不妥善加以利用，将会成为一种严重的公害。建筑材料的再生循环与利用必须引起人们的重视，不然就会产生新的资源浪费及环境污染。

5. 植物秸秆的利用

我国有一年生植物秸秆 50 余种，每年产量约 8 亿吨，除农民用作燃料、饲料及造纸等工业用掉一部分外，每年仍有 6 ~ 7 亿吨剩余。植物秸秆是个亟待开发的巨大资源。目前，将秸秆应用于建筑材料的研究，主要是植物纤维复合板、秸秆建筑板。但已利用的秸秆种类还很少，在应用和推广中还存在一些问题。另外，近年来，大量的秸秆被焚烧，产生大量的浓烟，已造成机场、高速公路被迫关闭等严重的环境污染问题。因此，对植物秸秆利用的研究有待深入进行。

第四节　适于农村使用的绿色建材

一、新型墙体材料

新型墙体材料具有质量轻、力学性能好、保温隔热性能好等特点。同时生产新型墙体材料，可以充分利用地方资源和工业废渣，并可节省土地资源和改善环境。

适用于新农村房屋建筑的新型墙体材料，主要有多孔砖、空心砖、蒸压灰砂砖、蒸压粉煤灰砖、蒸压加气混凝土砌块、混凝土空心砌块、轻骨料混凝土小型空心砌块等。以下仅介绍砌块。

砌块是用于砌筑墙体的、尺寸大于砌墙砖的块体。一般为直角六面体，按产品主要规格尺寸可分为大型砌块（高度大于

980mm）、中型砌块（高度为380～980mm）和小型砌块（高度大于115mm、小于380mm）。砌块具有生产工艺简单、原料来源广、适应性强、制作及使用方便灵活，还可改善墙体功能等特点。

砌块分类方法很多，按用途可分为承重砌块和非承重砌块；按有无孔洞可分为实心砌块和空心砌块；按材质可分为轻骨料砌块、加气混凝土砌块、混凝土砌块等。目前，我国以中小型砌块的生产和应用较多。

1．蒸压加气混凝土砌块

蒸压加气混凝土砌块是以钙质材料（水泥、石灰等）和硅质材料（砂、矿渣、粉煤灰等）以及加气剂（铝粉）等，经配料、搅拌、浇筑、发气、切割和蒸压养护而成的多孔轻质块体材料。具有质量轻，保温、隔热、隔声性能好、抗震性强、传热速度慢、耐火性好，易于加工、施工方便等特点。适用于低层建筑的承重墙、多层建筑的间隔墙和高层框架结构的填充墙，也可用于一般工业建筑的围护墙。不得用于处于水中或高湿度和有侵蚀介质的环境中，也不得用于建筑物的基础和温度长期高于80℃的建筑部位。

蒸压加气混凝土砌块的规格，长度600mm；宽度有100mm、125mm、150mm、250mm、300mm及120mm、180mm、240mm；高度有200mm、250mm、300mm等多个品种。砌块的质量按尺寸偏差、外观质量、表观密度级别及强度级别分为优等品、一等品及合格品等三个等级；强度等级分为1.0、2.0、2.5、3.5、5.0、7.5、10.0等七个等级。

2．混凝土小型空心砌块

混凝土小型空心砌块是以水泥、粗细骨料、水等经搅拌、成型、养护而成的空心块体材料，见图3-1。分为普通混凝土小型空心砌块、轻骨料混凝土小型空心砌块两类。混凝土小型空心砌块广泛应用于低层和中层建筑的内外墙。普通混凝土小型空心砌块主要用于承重墙体；轻骨料混凝土小型空心砌块主要用于保温墙体、非承重墙体及承重保温墙体。这类砌块在砌筑时一般不宜浇水，但在气候特别干燥炎热时，可在砌筑前稍喷水湿润。严禁雨天施工，表面有浮水时亦不得施工。

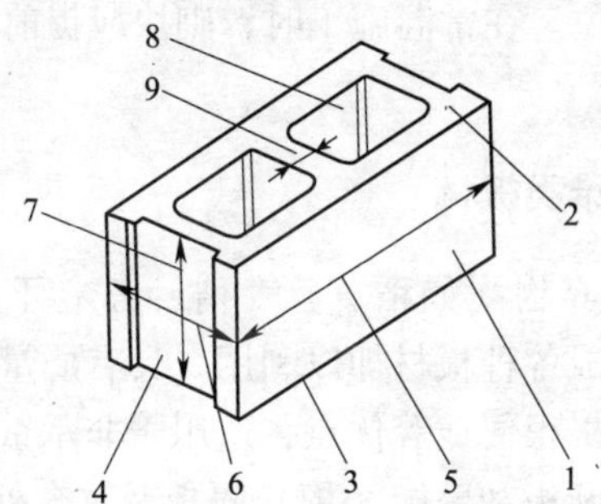

图 3-1　小型空心砌块各部位的名称

1—条面；2—坐浆面（肋厚较小的面）；3—铺浆面（肋厚较大的面）；4—顶面；5—长度；6—宽度；7—高度；8—壁；9—肋

砌块的主要规格尺寸为 390mm × 190mm × 190mm、390mm × 190mm × 90mm、190mm × 190mm × 190mm、190mm × 190mm × 90mm。按砌块的抗压强度分为 1.5、2.5、3.5、5.0、7.5、10.0 六级；按尺寸允许偏差及外观质量分为一等品和合格品两个等级。

3. 粉煤灰砌块

以粉煤灰、石灰、石膏和骨料（炉渣、矿渣）等为原料，经配料、加水搅拌、振动成型、蒸汽养护而制成的密实砌块，见图 3-2。

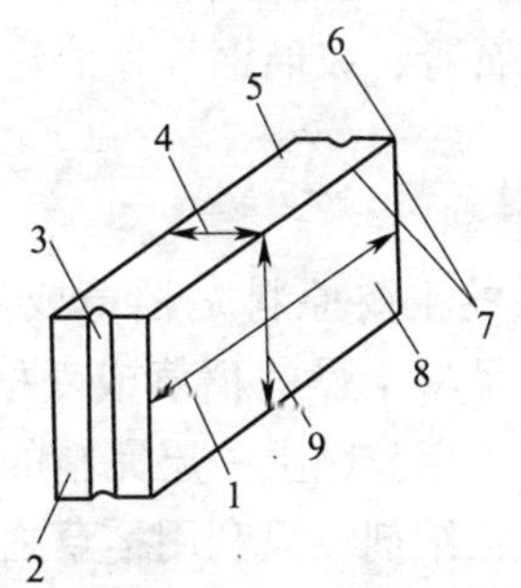

图 3-2　粉煤灰砌块各部位名称

1—长度；2—端面；3—灌浆槽；4—宽度；5—坐浆面（或铺浆面）；6—角；7—棱；8—侧面；9—高度

粉煤灰砌块适用于一般工业与民用建筑的墙体和基础。但不宜用于长期受高温和经常受潮湿的承重墙，也不宜用于有酸性介质侵蚀的建筑部位。在常温施工时，砌块应提前浇水润湿，冬期施工时则不必。

二、植物纤维类板材

农作物的废弃物（如稻草、麦秸、玉米秆、甘蔗渣等）经适当处理，可制成各种板材加以利用。具有质量轻、绝热保温性能好、隔声、施工很便捷等优点，适用于非承重的内隔墙、天花板、室内各种隔断板和壁橱（柜）隔板及复合外墙的内壁板等。

1. 硅钙植物纤维轻体墙板

将农作物秸秆变成绿色建材，是国家重点环保推广项目，也是秸秆综合利用、变废为宝及“三农”的资源节约型项目。

硅钙植物纤维轻体墙板是以农作物秸秆为主要原料，配以加强材料和粘合材料，在反应池里经过物理和化学反应，脱模后自然凝固而成的板材。整个工艺流程没有废水、废气、废渣排出，而且原材料充足广泛，容易采集，生产工艺先进，产品优势突出，省电、省水、节约能源。

该产品具有防火、防潮、耐压、抗震、无毒无害、节约空间、隔声、安装运输方便、减轻劳动强度等优点，完全符合国家标准，可替代木材、石膏、玻璃钢等其他建材，广泛应用于高低层建筑内墙设置。

2. 稻草（麦秸）板

稻草（麦秸）板的主要原料是稻草或麦秸、板纸和脲醛树脂胶料。其生产方法是将干燥的稻草或麦秸热压成密实的板芯，在板芯两面及四个侧边用胶贴上一层完整的面纸，经加热固化而成。板芯内不加任何粘结剂，只利用稻草之间的缠绞拧编与压合形成密实并有一定刚度的板材。其生产工艺简单，生产能耗低。板材质量轻，保温隔热性能好，缺点是耐水性差，可燃。

稻草（麦秸）板具有足够的强度和刚度，可以单板使用而不需要龙骨支撑；且便于锯、钉、打孔、粘结和油漆，施工很便捷；适用于非承重的内隔墙、天花板及复合外墙的内壁板等。

3．稻壳板

稻壳板是以稻壳与合成树脂为原料，经配料、混合、铺装、热压而成的中密度平板。可用脲醛胶和聚醋酸乙烯胶粘贴，表面可涂刷酚醛清漆或用薄木贴面加以装饰。可作为内隔墙及室内各种隔断板和壁橱及壁柜的隔板等。

4．蔗渣板

蔗渣板是以甘蔗为原料，经加工、混合、铺装、热压成型而成的平板。该板生产时可不用胶，而是利用蔗渣本身含有的物质热压时转化成呋喃系树脂而起胶结作用；也可用合成树脂胶结成有胶蔗渣板。该板具有质量轻、吸声、易加工和可装饰等特点，可用作内隔墙、天花板、门芯板、室内隔断用板和装饰板等。

5．麻屑板

麻屑板以亚麻杆茎为原料，经破碎后加入合成树脂、防水剂、固化剂等混合、铺装、热压固化、修边、砂光等工序制成。性能和用途同蔗渣板。

三、矿棉吸声板

矿棉吸声板是一种以吊顶为主的新型绿色室内环保材料。它是以矿棉为主要原料，矿棉是矿渣经高温熔化由高速离心机甩出的絮状物，无害、无污染，是一种变废为宝、有利环境的绿色建材。具有以下性能：

1．吸声性能好

矿棉板是一种多孔材料，由纤维组成无数个微孔。声波撞击材料表面，部分被反射回去，部分被板材吸收，还有一部分穿过板材进入后空腔，大大降低反射声，有效控制和调整室内回响时间，降低噪声。

2．有多种装饰类型

矿棉吸声板表面处理形式丰富，板材有较强的装饰效果，见

图 3-3。表面经过处理的滚花型矿棉板，俗称“毛毛虫”，表面布满深浅、形状、孔径各不相同的孔洞。另外一种“满天星”，则表面孔径深浅不同。经过铣削成形的立体形矿棉板，表面制作成大小方块、不同宽窄条纹等形式。还有一种浮雕型矿棉板，经过压模成形，表面图案精美，有中心花、十字花、核桃纹等造型，是一种很好的装饰用吊顶型材。

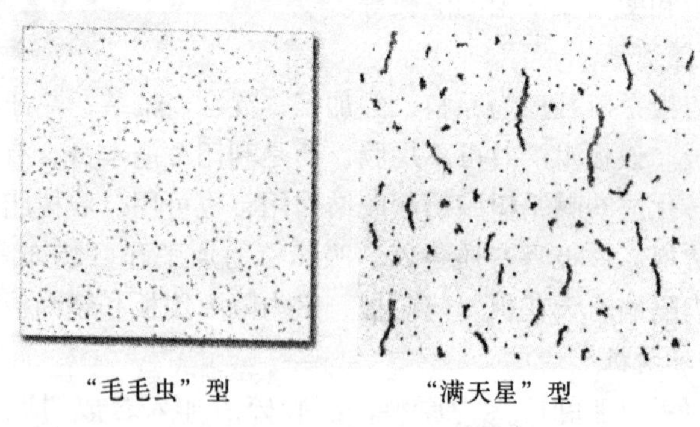

图 3-3　矿棉吸声板

3. 是高效节能的建筑材料

矿棉板重量较轻，一般控制在 350~450kg/m^{2}之间，使用中没有沉重感，给人安全、放心的感觉，能减轻建筑物自重，是一种安全饰材。同时矿棉板还具有良好的保温阻燃性能，矿棉板平均导热系数小，易保温，而且矿棉板的主要原料是矿棉，熔点高达 1300℃，并具有较高的防火性能。

4. 多种安装方法

矿棉板吊顶构造很多，并有配套龙骨，具有各种吊顶形式。如易于更换板材、检修管线、安装简单快捷的明龙骨吊装；具有良好隔热性能、在同一平面和空间可以用多种图案灵活组合的复合粘贴法吊装；不露龙骨、可自由开启的暗插式吊装等，可以随用户需要，选择其中一种安装方法，而且价位与其他吊顶材料的价格相当。

四、玻璃钢墙体保温板

玻璃钢墙体保温板由玻璃纤维网格布、氯化镁、钢筋、聚乙烯泡沫、胶浆、添加剂等若干成分组成。该产品特点是：重量轻、墙体薄、节能性能优越、玻璃纤维网格布和钢筋增加了强度、使用年限长、易安装、防火性能好、抗老化、防水、防潮、抗冲击、无毒无害、环保性能优越，堪称为“绿色建材”。

该产品具有广阔的市场空间，用它代替黏土砖符合社会需求，更符合国家提出的高强、轻质、节能、节土、利废环保等多种功能要求。

第四章　地基开挖与处理

第一节　基坑（槽）土方开挖

一、基坑（槽）边坡坡度确定

当地质条件良好、土质均匀且地下水位低于基坑（槽）底面标高时，挖方边坡可挖成直立壁而不需加支撑，但其开挖深度不宜超过表4-1中的规定。

直立壁不加支撑的土方开挖深度表　　表4-1

土的名称	挖土深度（m）	土的名称	挖土深度（m）
密实、中密的砂土和碎石类土（充填物为砂土）	1.00	硬塑、可塑的黏土和碎石类土（充填物为黏土）	1.50
硬塑、可塑的黏质粉土及粉质黏土	1.25	坚硬的黏性土	2.00

当地质条件良好、土质均匀且地下水位低于基坑（槽）或管沟底面标高，挖方深度在5.0m以内时，不同类别、不同状态的边坡最陡坡度，不得超过表4-2中的规定。

深度在5m内的基坑（槽）边坡的最陡坡度　　表4-2

土的类别	边坡坡度（1:m）	土的类别	边坡坡度（1:m）
中密的砂土	1:1.00	中密的碎石类土（充填物为黏性土）	1:0.50
中密的碎石类土（充填物为砂土）	1:0.75	硬塑的亚黏土、黏土	1:0.33
硬塑的黏质粉土	1:0.67	老黄土	1:0.10

使用时间较长的临时性挖方边坡坡度值见表4-3。

使用时间较长的临时性挖方边坡坡度　　表4-3

土 的 类 别		边坡坡度（1∶m）
砂土	不包括细砂和粉砂	1∶1.25～1∶1.50
一般性黏土	硬质黏土	1∶0.75～1∶1.00
	硬塑黏土	1∶1.00～1∶1.25
	软质黏土	1∶1.50～1∶1.75
碎石类土	充填坚硬、硬塑的黏土	1∶0.50～1∶1.00
	充填砂土	1∶1.00～1∶1.50

土方边坡坡度用挖方深度 h 与其边坡宽度 b 之比来表示。边坡根据挖深和土质情况可以做成直线形边坡或折线形边坡（图4-1）。

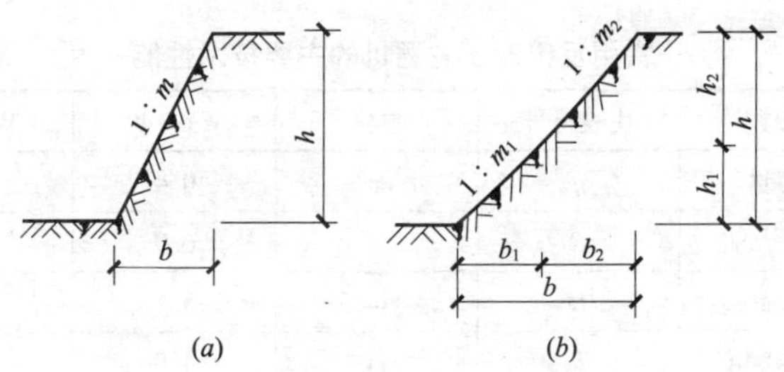

图4-1　土方边坡的形式

（a）直线形边坡；（b）折线形边坡；

土方边坡坡度 $=1/m=h/b$，m 称为坡度系数，$m=b/h$。

土方开挖时如果边坡太陡，容易造成土体失稳，发生塌方事故；如果边坡太平缓，不仅会增加土方开挖量，而且可能影响邻近建筑物的使用和安全。因此，必须合理地确定土方边坡坡度。

二、基坑（槽）开挖方法

基坑（槽）土方开挖有人工开挖和机械开挖两种。人工开挖适合基坑（槽）浅、挖方量小的情况；机械开挖则适合基坑（槽）深、挖方量大的情况。

目前，机械开挖大多采用反铲液压挖掘机，其工作特点是土斗自上向下强制切土，随挖随行或后退，主要用于开挖停机面以下的土，不需要设置进出口通道。小型、超小型履带式反铲挖掘机在农村建设中得到广泛的应用，图 4-2 为履带式小型反铲挖掘机。

图 4-2　履带式小型反铲挖掘机

反铲挖掘机的主要技术性能，主要包括铲斗体积、最大挖土半径、最大挖土高度、最大挖土深度和最大卸土高度等。国产反铲液压挖掘机 WY－40 型、WY－60 型的主要技术性能如表 4-4 所示。

常用反铲液压挖掘机的主要技术性能　　表 4-4

技术参数	代表符号	单位	WY－40	WY－60
铲斗容量	q	m^3	0.4	0.60
最大挖土半径	R	m	6.9	8.20
最大挖土高度	H	m	5.1	6.02
最大挖土深度	h	m	4.0	5.30
最大卸土高度	H_2	m	3.8	4.48

三、施工排水与降低地下水位

施工排水首先应防止地表水（雨水、施工用水、生活污水等）流入基坑，可采取在基坑周围设置排水沟、截水沟等。在河道修建工程还要注意做好围堰和施工导流，避免河水进入基坑。

基坑（槽）降低地下水位通常采用集水井降水法和井点降

水法。

1. 集水井降水法

集水井降水法是在基坑开挖的过程中，沿着基坑底周围开挖排水沟，排水沟的纵坡宜控制在1‰~2‰，在坑底每隔一定的距离设一个集水井，地下水通过排水沟流入集水井中，然后用水泵将水抽走，如图4-3所示。集水井降水法是基坑开挖中常用的简易降水方法，主要适用于面积较小、降水深度不大的基坑（槽）开挖工程。

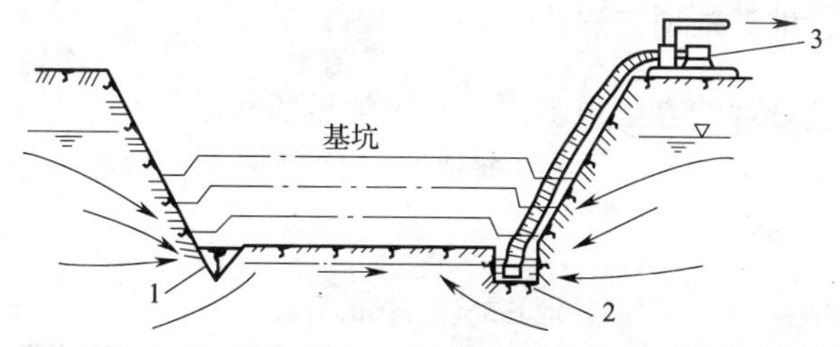

图4-3 集水井降水法示意图

1—排水沟；2—集水坑；3—水泵

集水井的数量和间距，一般每隔20~40m设置一个。集水井的直径或宽度为0.7~0.8m，井的深度要始终保持低于挖土工作面0.8~1.0m。集水井的井壁用挡土板进行支护，井底铺碎石滤水层，以免抽水时泥沙堵塞水泵，并保证基底的土结构不受扰动。

采用集水井降水法所用的水泵，通常有离心泵和潜水泵两种。离心泵的抽水能力较大，宜用于地下水量较大的基坑。潜水泵近些年来在基坑排水中应用非常广泛，但应特别注意不得脱水运转或陷入泥中。

2. 井点降水法

井点降水较常用的有无砂混凝土管井点和轻型井点两种。轻型井点降水因其工艺复杂，一般由专业队伍负责实施，通常适用于软土或土层中含有细砂、粉砂或淤泥层易出现坍塌和产生“流砂现象”的场合。在此主要介绍无砂混凝土管井点降水。

无砂混凝土管井点降水就是在基坑四周每隔10～50m钻孔成井，然后在井内放入无砂混凝土管，每个井管用一台水泵不断抽水，使地下水位下降至设计高程。抽水一般采用潜水泵。

这种井点的井距设置较大，适合渗透系数较大的砂性土、地下水丰富的场合。

第二节 建筑地基处理

一、地基处理方法

地基处理的方法很多，在农村常见的有碾压及夯实法、换土垫层法等，见表4-5，可根据地基具体情况进行选择。下面重点介绍换土垫层法。

地基处理方案的分类 **表4-5**

项次	分类	处理方法	原理及作用	适用范围
1	碾压及夯实	机械碾压，振动压实，强夯	利用压实原理，通过机械碾压，把表层地基土压实；强夯则利用重锤锤击迫使土固结密实	适用于碎石土、砂土、粉土、低饱和度的黏性土、杂填土等，对饱和黏性土不宜采用
2	换土垫层	砂石垫层、灰土垫层，矿渣垫层	以砂石、灰土和矿渣等强度较高的材料，置换地基表层的软弱土，提高地基的承载力，减少沉降量	适用于一般基础垫层及处理沟、塘等软弱土地基

二、换垫法施工

将基础底面下处理范围内的软弱土挖除，分层换填强度较高的砂、碎石、灰土、煤渣、矿渣及其他性能稳定、无侵蚀性的材料，并夯（压、振）实至要求的密度为止，以达到提高地基承载力，减少地基沉降量的目的。较常用的有砂石垫层和灰土垫层。

1. *砂石垫层*

砂石垫层系采用砂或砂石混合物，按设计厚度分层填筑夯实，作为地基的持力层，从而减少沉降量提高地基承载力。同时，砂石垫层可将地基土中孔隙水快速排出，从而加速下部土层的沉降和固结。

砂石垫层的厚度一般为0.5～2.5m，不宜大于3.0m，也不宜小于0.5m。因此，适于处理3.0m以内的软弱、透水性强的地基。

砂石垫层顶面每边宜超出基础底边不小于300mm，两侧适当放坡。

砂石垫层每层铺筑厚度与施工方法和机具有关，可参照表4-6。

砂和砂石垫层每层铺筑厚度及最优含水量　　表4-6

项次	捣实方法	每层铺筑厚度（mm）	施工时最优含水量（%）	施工说明	备注
1	平振法	200～250	15～20	用平板式振捣器往复振捣	不宜使用于细砂或含泥量较大的砂垫层
2	夯实法	150～200	8～12	用木夯或机械夯木夯重40kg，落距为400～500mm一夯压半夯	适用于砂石垫层
3	碾压法	250～350	8～12	6～10t压路机往复碾压，一般不少于4遍	适用于大面积砂垫层，不宜用于地下水位以下的砂垫层

2. 灰土垫层

灰土垫层在我国已有两千多年的历史，它是将基础底面下要求范围内的软弱土层挖除，用一定比例的石灰与土，在最优含水量的情况下充分拌和，然后分层回填夯实或压实而成。灰土垫层具有一定的强度、水稳定性和抗渗性，施工工艺简单，材料容易取得，费用比较低廉，是一种应用广泛、比较经济实用的地基加固方法。灰土垫层一般用于加固深度为 1～4m 的软弱土、湿陷性黄土、杂填土等。

(1) 灰土垫层的材料要求

1) 对土料的要求

在施工现场常采用就地挖出的黏性土及塑性指数大于 4 的粉土作为灰土的土料，但淤泥、耕植土、冻土及有机质含量超过 8% 不得使用。土料在掺加前应当过筛，其粒径不应大于 15mm。

2) 对石灰的要求

灰土一般用熟石灰拌制，其粒径不得大于 5mm，且不应夹有未熟化的生石灰块及其他杂质。

如果拌制强度较高的灰土，宜选用Ⅰ级或Ⅱ级石灰。石灰的贮存时间不宜超过三个月，长期存放将会降低石灰的活性。

(2) 灰土垫层的施工要点

1) 在灰土垫层施工前，应清除基坑（槽）内的松土、杂物，并打两遍底夯，将基坑（槽）整理平整干净。如果坑内有积水应晾干。

2) 灰土配合比应符合设计规定，一般采用 3∶7 或 2∶8（石灰与土料的体积比）。施工中多用人工进行翻拌，一般不宜少于三遍，并达到混合均匀、颜色一致。灰土的含水量，一般控制在 14%～18% 范围内为宜，在现场用手能搓成团，两指轻捏散开即可。如果含水量过多或过少时，应稍微晾干或洒水湿润。

3) 灰土应分段分层进行铺筑夯实，每层虚铺厚度参见表 4-7。夯（压）实机具可根据工程实际和现有机具条件选用。夯（压）遍数一般不少于 4 遍。

灰土的最大虚铺厚度 **表 4-7**

夯实机具种类	重量（t）	虚铺厚度（mm）	备　注
石夯、木夯	0.04~0.08	200~250	人力送夯，落距 400~500mm，一夯压半夯
轻型夯实机械	0.12~0.40	200~250	蛙式打夯机、柴油打夯机
压路机	6.0~10.0	200~300	双轮压路机

4）灰土采用分段施工时，不得在墙角、柱基及承重窗间墙下接缝，上下两层的接缝距离不得小于500mm，接缝处应夯压密实，并做成直槎形式。当灰土地基高度不同时，应做成阶梯形，每阶梯的宽度不少于 500mm。并认真处理好接缝，同时注意接缝质量，每层虚土从留缝处往前延伸 500mm，夯实时应夯过接缝 300mm 以上。在进行接缝时，用铁锹在留缝处垂直切齐，然后再铺下段夯实。

5）灰土应当日铺填当日夯实，入槽（坑）的灰土不得隔日夯打。夯实后的灰土 30d（天）内不得受水浸泡，并及时进行基础施工及基坑回填，或在灰土表面作临时性覆盖，避免日晒雨淋。在雨期施工时，应采取有效的防雨、排水措施，以保证灰土在基坑（槽）内无积水的状态下进行。刚填夯完的灰土，如突然遇雨应将松软灰土除去，并重新补填夯实，稍受湿的灰土可在晾干后补夯。

第五章　砌体工程施工

砌体结构包括砖石砌体和砌块砌体。随着黏土烧结砖的使用受到越来越严格的限制，砌块得到了迅速发展。

第一节　砖石砌体施工

一、砖砌体施工

1．*砖墙的组砌方式*

根据砖墙砌筑质量要求，普通标准黏土砖的组砌方式有：一顺一丁方式、三顺一丁方式和梅花丁方式三种，常见的为一顺一丁方式，如图5-1。

一顺一丁组砌方式是丁砌层与顺砌层相互交替组砌，相邻两皮竖缝均相互交错四分之一砖长，所以砌体中无任何通缝，而且丁砖的数量较多，能增强横向拉结力和墙体的整体性。但顺砌层在拐角和丁字墙处必须使用四分之三（俗称七分头）砖长的砖。其优点：排列比较简单，砌筑比较方便，生产效率较高。这种组砌方式适用于砌筑一砖、一砖半及二砖墙。

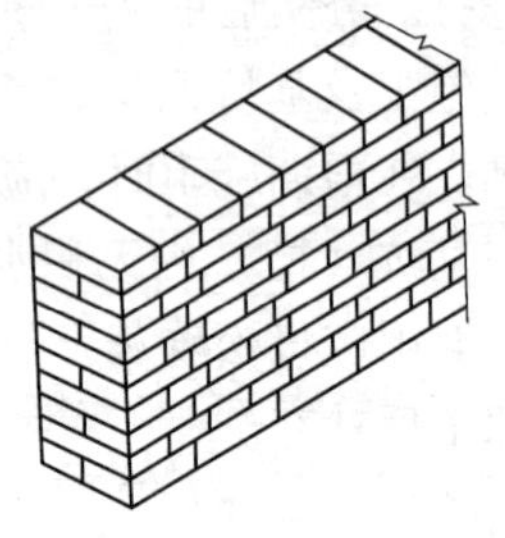

图5-1　砖墙一顺一丁组砌方式

2．*砖墙的砌筑工艺*

砖墙的砌筑工艺一般包括：抄平、放线、摆砖样、立皮数杆、盘角、挂线、砌筑、勾缝、清理和楼层标高控制等工序。

（1）抄平

抄平就是在砌墙前在基础防潮层或楼面上定出各层的标高，然后用 M7.5 水泥砂浆或 C10 细石混凝土将砌筑面找平，使各段砖墙的底部标高符合设计要求。

（2）放线

根据龙门板上给定的轴线及设计图纸上标注的墙体尺寸，在基础顶面上用墨线弹出墙的轴线、墙的宽度线，并按设计用钢卷尺定出门洞口的位置线。二楼以上墙的轴线可以用经纬仪或垂球将轴线引上，并弹出各墙的宽度线，划出门洞口的位置线。

（3）摆砖样

摆砖样就是按选定的组砌方式，在墙基顶面放线位置按墙的宽度和长度用干砖试摆，目的是为了校对所放出的墨线在门窗洞口、附墙垛等处是否符合砖的模数，以尽可能减少砍砖，节省砖的用量，提高砌砖效率，使砌体灰缝均匀、组砌得当。

（4）立皮数杆

皮数杆是一种木条制成的刻度标杆，在标杆上画有每皮砖和水平灰缝的厚度，标有门窗洞口、梁的上下面等标高位置。皮数杆的主要作用是控制墙体的竖向尺寸及保证砌体的垂直度。

在砌筑墙体时，皮数杆一般立于房屋的四大角、内外墙交接处、楼梯间以及洞口多的地方，约每隔 15m 立一根，所立的皮数杆应确保其位置正确、安设牢固、方向垂直，如图 5-2 所示。皮数杆需用水准仪统一竖立，使皮数杆上的 ±0.000 与建筑物的 ±0.000 相吻合，以后就可以向上接皮数杆。

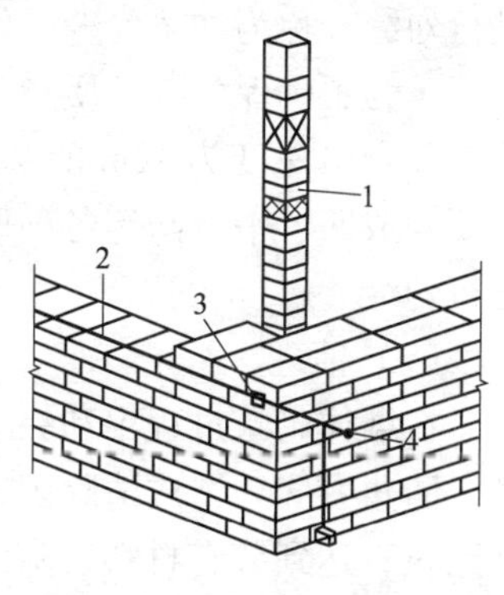

图 5-2　皮数杆示意图

1—皮数杆；2—准线；3—竹片；4—铁钉

小型砌筑工程可不采用皮数杆控制，而选用技术高超的师傅做盘角控制。

（5）盘角

砌墙应先从墙角处开始，即在

墙角部位根据皮数杆上的标志，由技术熟练的工人先砌若干皮砖，这就是所说的盘角。盘角是整个砌墙质量的关键，也是作为挂线的依据，更是控制墙面横平竖直的标准，所以要求盘角必须双向垂直。

（6）挂线

在墙角砌好若干皮砖后，即可进行挂线（图 5-2），作为砌筑中间墙体的依据，以保证墙面平整、位置正确、灰缝均匀、符合要求。一般一砖墙可用单面挂线，一砖半以上的墙则应用双面挂线。

（7）砌筑

为保证砌筑质量要求，目前提倡采用“三一砌砖法”，即一块砖、一铲灰、一揉压，并随手将挤出的砂浆刮去的砌筑方法。这种砌筑方法的特点是：灰缝饱满、粘结力好、墙面整洁、容易掌握。在砌筑操作时还要做到“下跟棱上跟线、上下竖缝一条线”，使砖的上棱对准挂线，下棱对准墙体的棱线，上皮砖与下皮砖的垂直缝在一条垂线上。

（8）勾缝

勾缝是墙体砌筑的最后一道工序，可以用砌筑砂浆随砌筑随勾缝，称为原浆勾缝；大部分墙体是砌完后再用 1:1.5 水泥砂浆进行勾缝，称为加浆勾缝。勾缝具有保护墙面和增加墙面美观的作用。为了确保勾缝的质量，勾缝前应清除墙面粘结的砂浆和杂物，并剔出深度为 1cm 的灰槽，并洒水进行湿润，灰缝可根据需要勾成凹、平、凸等各种形状。当墙面还有抹灰处理时，可不进行勾缝。

（9）清理

在墙体砌筑过程中和完毕后，应及时对墙面和落地灰进行清理，防止凝固后造成清除困难。及时清理落地灰，还可以立即用于砌筑，达到节省材料、降低造价的目的。

3. *砖墙砌体的质量要求*

对于砖砌体的质量要求，可以用“横平竖直、砂浆饱满、组砌得当、接槎可靠”十六个字高度概括。

（1）横平竖直

横平：砌筑时严格按皮数杆上的标志，层层挂水平准线并拉紧，每块砖都要按准线进行砌筑。

竖直：灰缝上下垂直对齐，无游丁走缝现象。在砌筑的过程中要随时用线坠和托线板进行检查，真正做到“三皮一吊、五皮一靠”。

（2）砂浆饱满

水平灰缝要求砂浆饱满度不得小于 80%，竖向灰缝可采用挤浆法保证其饱满度，不得出现透明缝，严禁用水冲浆灌缝。

水平灰缝厚度和竖向灰缝宽度一般为 10mm，不得小于 8mm，也不应大于 12mm。

（3）组砌得当

组砌基本原则是：上下错缝、内外搭砌。错缝长度一般不应小于 60mm，并避免墙面和内缝中出现连续的竖向通缝，同时还应考虑砌筑方便和少砍砖。

（4）接槎可靠

砖砌体的转角处和交接处应同时砌筑，对于不能同时砌筑而又必须留置的临时间断处，应砌筑成斜槎形状，斜槎的水平投影长度不应小于高度的 2/3（图 5-3）；转角处必须留斜槎，其余

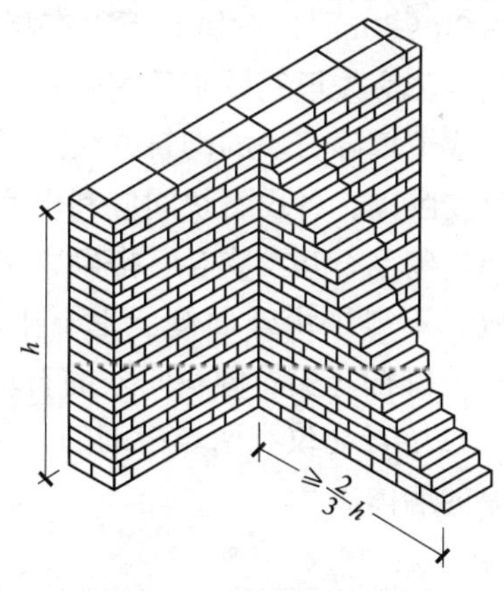

图 5-3　砖砌体的斜槎

留斜槎确有困难时，也可以留成直槎形状，但必须砌成阳槎，并加设拉结筋（图 5-4）。

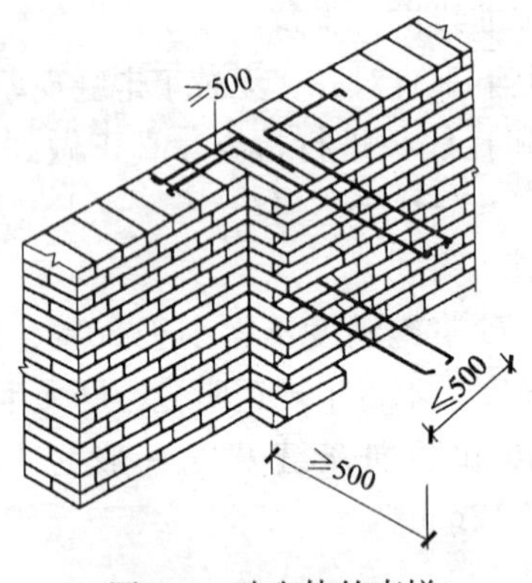

图 5-4　砖砌体的直槎

二、石砌体的施工

石砌体的施工主要有毛石砌筑和料石砌筑两种。

1. *毛石砌筑*

毛石砌体应采用铺浆砌筑法施工，毛石间的砂浆必须饱满，叠砌面的粘灰面积（即砂浆饱满度）应大于 80%。毛石砌体的灰缝厚度一般宜为 20～30mm，石块间不得有相互直接接触的现象，石块间较大的空隙应先填塞砂浆后用碎石块嵌实，不得采用先摆石块后塞砂浆或干填碎石块的砌筑方法。

毛石砌体宜分皮卧砌，各皮石块间应利用毛石自然形状经敲打修整，使其能与先砌毛石基本吻合、搭砌紧密；毛石砌块应上下错缝、内外搭砌，不得采用外面侧立毛石中间填心的砌筑方法；中间不得填充铲口石（尖石倾斜向外的石块）、斧刃石（尖石向下的石块）和过桥石（仅在两端搭砌的石块）。毛石砌体主要用于基础和较厚的墙体。

（1）毛石基础施工

毛石基础砌筑前，首先在基槽（坑）的适当位置立皮数杆，皮数杆上要画出分层砌石高度，两皮数杆之间拉上水平准线，各层石块按准线进行砌筑。

根据所放基础准线，要先砌筑墙角石块，以此固定准线作为其他砌石的标准。在砌筑第一皮石块时，应选较大或较平整的石块垫底。第一皮垫底的石块所采用的砌筑方法因地基不同，一般有以下两种：

1）在土质基槽上的砌筑方法

先将面大且较平整的石块满铺一层，再将砂浆铺筑入空隙处，用小石块填空挤入砂浆，然后用锤子将其打紧，使砂浆充满空隙，使石块平稳牢固。不允许先塞小石块后铺砂浆，以防止发生干缝和空隙。这种施工方法，因石块的大面朝下，并且石块的凹凸面与土质紧密相贴，石块与土之间不需要砂浆胶结，可以节省一层砂浆。

2）在垫层或岩面上的砌筑方法

将垫层或岩石面上的杂物清扫干净后，先铺上一层砌筑砂浆，再砌筑石块，使砂浆与石块紧密粘结，这样可使石块受力均匀，增加稳定性。

块石应当分层进行砌筑，每层的厚度约300mm为宜。块石之间的上下皮竖缝必须错开，并尽量做到丁、顺交错排列。每砌筑一层，其表面必须大致平整，不得有尖角、驼背、放置不稳等现象，以便下层砌筑时安放稳固，并有足够的接触面。上下层之间一般要求搭接长度不小于8cm，以增加砌体的强度。填心的石块根据空隙的大小，选用整块石，不能用几块小石块来填充一个空隙的填心砌法，以免影响砌体强度。

当砌完一层后，必须校对中心线，检查有无偏斜现象，发生偏斜应立即纠正。墙基如果需要留槎时，应当砌筑成踏步槎，但不能留在外墙转角或丁字墙的结合处。当基础砌至最上一层时，外皮石块要伸入墙内长度不小于墙厚的一半，以免因连接不好而影响砌体的质量。

（2）毛石墙体施工

在毛石墙正式砌筑前，要做好选石、做面、放线、立皮数杆、拉准线等工作。选石是从石料中选取在应砌筑位置上适宜大小的石块，并有一个平整的面作为墙面，原则是“有面取面、无面取凸”；做面是把石块凸部或不需要的部分用锤子敲掉，做成合适的面砌入墙中。放线、立皮数杆和拉准线，在方法上与砌砖基本相同。

1）转角与丁字接头施工

毛石墙施工，最关键的部位是转角和丁字接头处。转角应选用角边是直角的“角石”，安放在转角处，丁字接头应选取比较平整的长方形石块，长短纵横上下皮相互错缝、相互咬合，不得出现通缝。

2）毛石墙墙体的施工

第一层石块应大面向下，其余各层应利用自然形状相互搭接紧密，并要选择比较平整的一面朝外，中间较大的空隙用碎石填塞。上下石块要相互错缝、内外搭接，墙中不应放斜面石（铲口石）和全部对合石；不得采用外面侧立石块，中间填心的砌筑方法。整个墙面应分层进行砌筑，每层的厚度大约为30~40cm，每层中间隔1m左右应砌拉结石，上下层间拉结石的位置应错开。

毛石墙砌体灰缝宜控制在20~30mm范围，每天的砌筑高度不大于1.2m，留槎高度不大于一步架高，并应当留成踏步槎。每砌完一步架高应大致找平一次，当砌至要求高度时，要全面找平，以达到顶面平整。

如果砌毛石与砖的组合墙时，毛石与砖应同时砌筑，并每隔4~6皮砖加砌一皮丁砖层，使砖与毛石砌体拉结在一起，两种砌体间的空隙必须用砂浆填满、捣实。

石墙的勾缝形式，一般多采用平缝或凸缝。勾缝前应先对毛石进行剔缝，将灰缝刮深2~3cm，墙面用水湿润，不整齐之处要加以修整。勾缝用1:1的水泥砂浆，勾缝线条必须均匀一致，深浅相同。

2. 料石砌筑施工

料石砌体应采用铺浆法砌筑，料石应当放置平稳，砂浆必须饱满。砂浆铺设厚度应略高于规定灰缝厚度，其高出的厚度：细料石宜为3~5mm，粗料石、毛料石宜为6~8mm。料石砌体的灰缝厚度：细料石砌体不宜大于15mm，粗料石和毛料石砌体不宜大于20mm。料石砌体的水平灰缝和竖向灰缝的砂浆饱满度均应大于80%，上下皮料石的竖向灰缝应相互错开，错开长度应不大于料石宽度的1/2。

（1）料石基础施工

料石基础的第一皮料石应坐浆丁砌，以上各层料石可按一顺一丁形式进行砌筑。阶梯形料石基础，上级阶梯的料石至少压砌下级阶梯料石的1/3。

（2）料石墙的施工

料石墙的厚度等于一块料石宽度时，可以采用全顺砌筑形式；等于两块料石宽度时，可采用两顺一丁组砌方式。其砌筑也应采用铺浆法，垂直缝中应填满砂浆并插捣至溢出为止。上下皮料石应错缝搭接，转角处或交接处应用石块相互搭砌，如果搭砌确有困难时，应在每楼层范围内至少设置钢筋网或拉结筋两道。料石墙的勾缝与毛石墙的勾缝相同。

三、小型空心砌块砌筑施工

在小型空心砌块砌筑前，应根据砌块的高度和灰缝的厚度计算需要砌筑的皮数，据此制作皮数杆，并将皮数杆竖立于墙的转角处和交接处，皮数杆的间距应根据工程实际而设置，一般不宜大于15m。

砌块应从外墙转角处或定位砌块处开始砌筑。小型空心砌块的砌筑，应将底面朝上、顶面朝下，即砌块孔洞上小下大“反砌”。这是小型空心砌块制作上的缘故，其成品底部的肋比较厚，而上部的肋比较薄，便于砌筑时铺设砂浆。

如果使用一端有凹槽的砌块时，应将有凹槽的一端接着平头的一端砌筑。砌块应逐块进行铺砌，全部灰缝均应填铺砂浆，水平灰缝宜用坐浆法铺浆，竖向缝可先在砌块端头铺满砂浆，然后将砌块上墙挤压至要求的尺寸。砌体水平灰缝应平直，砂浆应饱满，按净面积计算的砂浆饱满度不应低于90%，竖向缝砂浆的饱满度不得低于80%；砌筑中不得出现瞎缝和透明缝，水平灰缝的厚度和竖向缝的宽度应控制在8~12mm。

小型空心砌块墙体的转角处，应隔皮纵、横墙砌块相互搭砌，即隔皮纵、横墙砌块的端面露头，如图5-5所示。

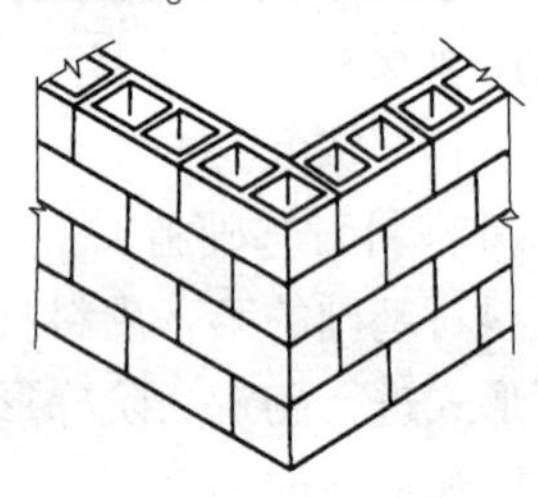

图5-5 空心砌块转角处砌法

T字交接处，应隔皮使横墙砌块的端头露出。当该处无芯柱时，应在纵墙上交接处砌两块一孔半的辅助规格砌块，隔皮砌在横墙露头的砌块下，其半孔应位于中间，如图5-6（*a*）所示。当该处有芯柱时，应在纵墙上交接处砌一块三孔大规格砌块，砌块的中间孔正对横墙露头砌块靠外的孔洞，如图5-6（*b*）所示。十字交接处，当该处无芯柱时，在交接处应砌一孔半砌块，隔皮垂直相交，其半孔应在中间；当该处有芯柱时，在交接处应砌三孔大规格砌块，隔皮垂直相交，中间孔相互对正。

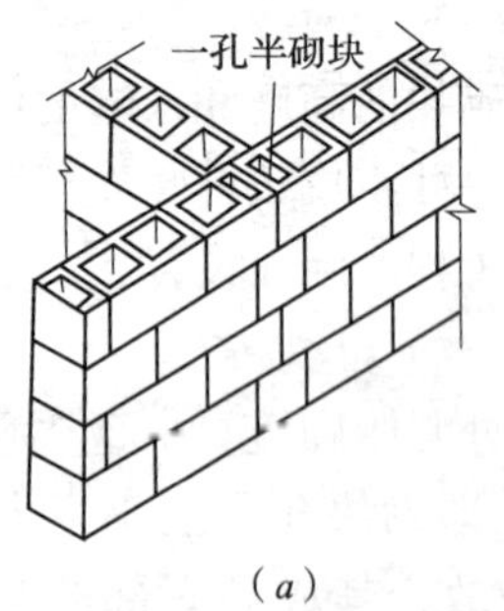

（*a*）

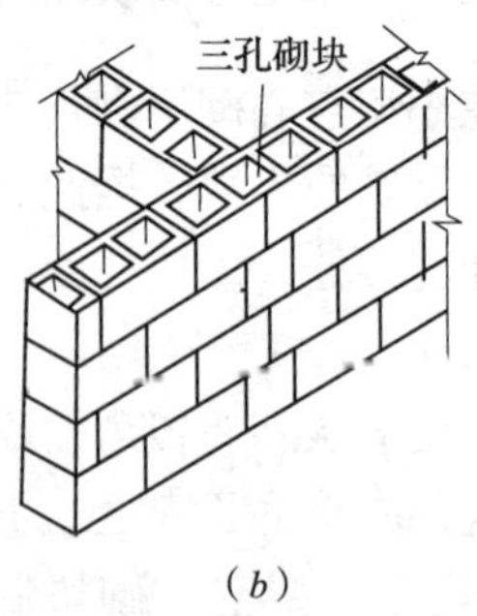

（*b*）

图5-6 混凝土空心砌块墙T字交接处的砌法

（*a*）无芯柱；（*b*）有芯柱

小型空心砌块墙的转角处和交接处，应尽量同时砌筑，如果不能同时砌筑时，在抗震设防地区则应留设斜槎，以便以后再进行砌筑，斜槎的长度一般不应小于斜槎的高度，如图 5-7（*a*）所示。如施工中需要砌成直槎，应每隔三皮砌块在水平灰缝中设两根直径 6mm 的拉结钢筋；拉结钢筋的埋入长度，从留槎处算起，每边均不应小于 600mm，如图 5-7（*b*）所示。

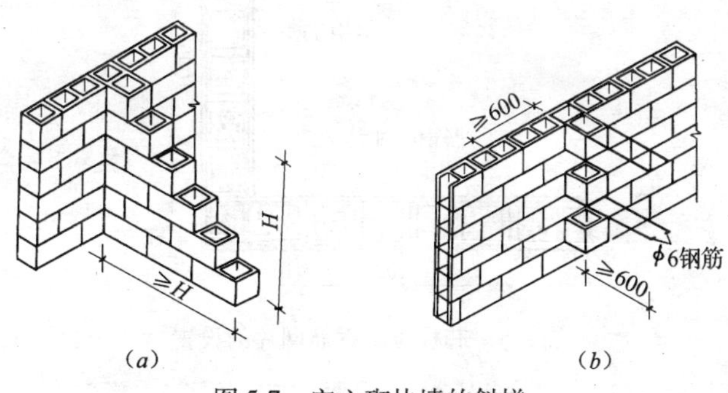

图 5-7　空心砌块墙的斜槎

对设计规定的洞口、管道、沟槽和预埋件，应在砌筑墙体时进行预埋或预留，空心砌块墙体不得打洞、开凿水平沟槽。需要在墙上留脚手架眼时，可用辅助规格的单孔砌块侧砌，利用原有的孔洞做架眼，墙体工程砌筑完成后，用不低于 C15 的细石混凝土填实。

墙体中若需留设临时施工洞口时，在顶部设置过梁。在填砌用完的临时洞口时，砌筑砂浆应提高一级。在常温施工条件下，每天砌筑高度宜控制在 1.5m 内。

为增加房屋的整体刚度，应在四大角和外墙转角处设置芯柱。

对于 6～8 度抗震设防的混凝土小型空心砌块房屋，应按规范要求在墙体转角处和交接处设置混凝土芯柱并插入钢筋，其截面不宜小于 120mm × 120mm，所用插筋应为一根直径不小于 12mm 的螺纹钢筋，所用细石混凝土不应低于 C20。插筋应贯通整个墙身并与圈梁连接。芯柱沿墙高每隔 600mm 设置一道直径为 4mm 的钢筋网片拉结，置于砌块的水平缝内，每边伸入墙内的长度不宜小于 1m，如图 5-8 所示。芯柱中的钢筋应与基础或基础梁中的预埋钢筋连接。

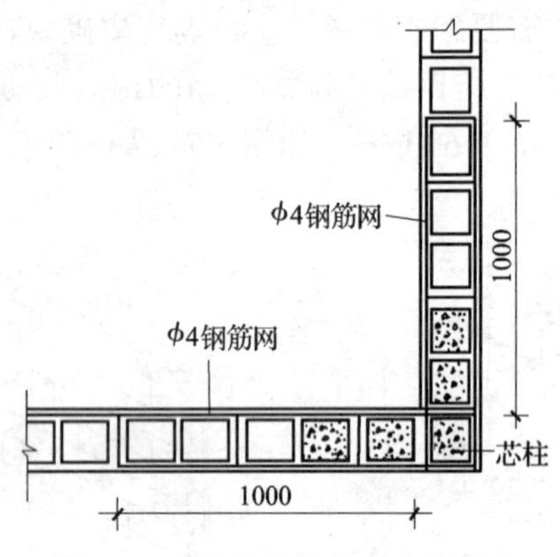

图 5-8　芯柱拉结钢筋网片的设置

在楼（地）面砌筑第一皮小型空心砌块时，在芯柱部位应采用开口砌块或 U 形砌块，以形成清理口。在浇筑细石混凝土前，从清理口中掏出落在砌块孔洞中的杂物，并用水冲洗孔洞内壁，待将孔洞内的积水排出后，用混凝土预制块封闭清理口。芯柱混凝土应在砌完该层墙体后与顶部混凝土圈梁同时浇筑，振捣芯柱混凝土宜采用插入式振动器。在浇筑混凝土时，砌体的砌筑砂浆强度应达到 1.0MPa 以上。

四、砌体工程冬期施工

当室外日平均气温连续 5 天低于 5℃或当日最低气温低于 0℃时，则进入冬期施工。原则上农村建设应尽量避开冬期施工，当需要进行冬期施工时应采取必要的冬期施工措施。

冬期施工常采用外加剂法和暖棚法。砌筑工程的冬期施工应优先选用掺加外加剂法。

外加剂法是冬期施工中最常用、最简单的一种方法，在预热的拌和水中掺入适量的外加剂，使砂浆经过搅拌、运输，在砌筑时仍具有5℃以上的温度，砂浆在砌筑后可以在负温条件下硬化。

外加剂使用较多是氯盐，氯盐以氯化钠为主，当气温低于－15℃时，也可与氯化钙复合使用，氯盐的掺量可按表5-1选用。砂浆强度等级应较常温提高一级。

氯盐外加剂掺量（占用水量的%） **表5-1**

氯盐及砌体材料种类			日最低气温（℃）			
			≥－10	－11～－15	－16～－20	－21～－25
氯化钠（单盐）		砖、砌块	3	5	7	—
		砌石	4	7	10	—
（复盐）	氯化钠	砖、砌块	—	—	5	7
	氯化钙		—	—	2	3

注：掺盐量以无水盐计。

第二节　脚　手　架

一、外脚手架

外脚手架主要形式有钢管脚手架和竹木脚手架。

1. 钢管脚手架

钢管脚手架搭设主要由立柱、大横杆、小横杆、斜撑和脚手板等部件组成。脚手架还需设置连墙杆，将脚手架与建筑物主体结构相连。可以搭设成单排式和双排式两种，见图5-9。

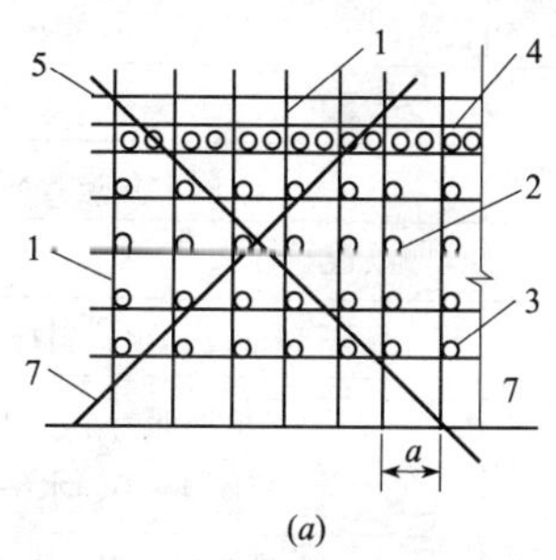

(a)

图5-9　多立柱脚手架（一）

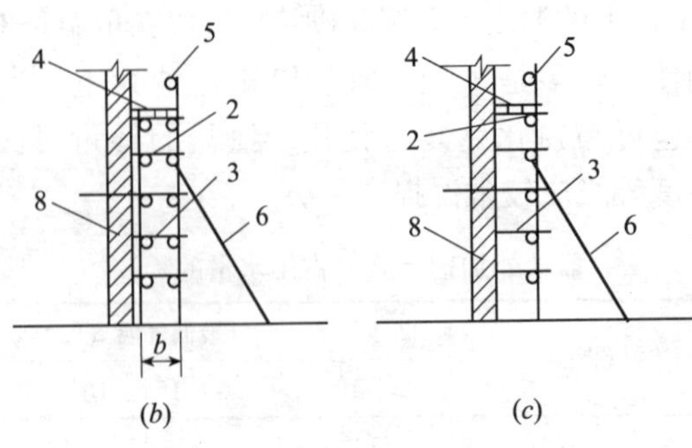

图 5-9　多立柱脚手架（二）

（*a*）立面；（*b*）侧面（双排）；（*c*）侧面（单排）

1—立柱；2—大横杆；3—小横杆；4—脚手板；

5—栏杆；6—抛撑；7—斜撑；8—墙体

钢管脚手架搭设的基本要求见表 5-2。

钢管脚手架搭设的基本要求（m）　　表 5-2

项目名称	结构脚手架		装饰脚手架	
	单排	双排	单排	双排
双排脚手架内立柱离墙距	—	0.35～0.50	—	0.35～0.50
小横杆里端离墙距或入墙长	0.30～0.50	0.10～0.15	0.30～0.50	0.15～0.20
小横杆外端伸出大横杆长	>0.15			
单排：立柱离墙距 双排：内外柱横距	1.35～1.80	1.00～1.50	1.15～1.50	1.15～1.20
立柱纵距	1.50～2.00			
大横杆间距（步高）	≯1.50	≯1.80		
第一步架步高	一般 1.60～1.80，且≯2.00			
小横杆间距	≯1.00	≯1.50		
斜撑	每隔 10m 设一组，斜杆与地面夹角 45°～60°			
连墙杆	单排即为小横杆，双排按垂直距≯4.0，水平距≯6.0 设置			
护栏和挡脚板	设置在作业层，栏杆高 1.00，挡脚板高 0.40			

根据连接方式不同钢管脚手架可以分为扣件式和碗扣式两种，农村建筑多采用扣件式。

扣件式钢管脚手架，主要由钢管、扣件、底座等组成，钢管通过扣件进行连接，并安装在底座上面。

钢管一般采用直径为48mm、壁厚3.5mm的焊接钢管或无缝钢管。

扣件有直角扣件、旋转扣件和对接扣件三种基本形式，如图5-10所示。直角扣件用于两根钢管呈垂直交叉的连接，旋转扣件用于两根钢管呈任意角度的交叉连接，对接扣件用于两根钢管的对接连接。立柱底部必须设置专用底座，不可用砖石、砌块替代。专用底座可用钢管与钢板焊接，也可用铸铁制成，如图5-11所示。

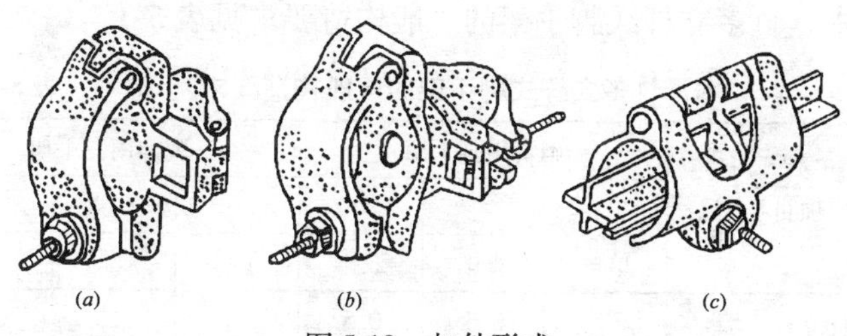

图5-10 扣件形式

(*a*) 直角扣件；(*b*) 回转扣件；(*c*) 对接扣件

2. 竹、木脚手架

竹木脚手架是一种传统的脚手架，由于其材质很轻、便于装拆、搭设方便，至今有些地方小型工程仍在应用。

(1) 木脚手架

木脚手架通常采用剥皮的杉木杆作为其杆件。用于立杆和支撑的杆件小头直径不应小于70mm；用于纵向水平杆、横向水平杆的杆件小头直径不应小于80mm。

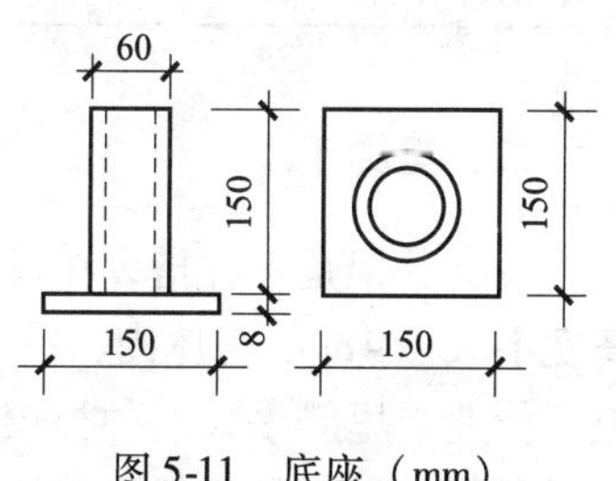

图5-11 底座（mm）

木脚手架搭设构造与扣件式钢管脚手架相似，但它一般是用8号铁丝或麻绳进行绑扎。立杆、纵向水平杆的搭接长度不应小于1.5m，绑扎一般不得少于三道。纵向水平杆的接头处，小头应压在大头上；如果三根杆相交时，应先绑扎两根，再绑扎第三根，千万不能一扣绑扎三根。

（2）竹脚手架

竹脚手架杆件应采用生长三年以上的毛竹（楠竹）。用于立杆、顶柱、支撑、纵向水平杆的竹杆小头直径不应小于75mm；用于横向水平杆的小头直径不应小于90mm。竹脚手架一般用竹篾进行绑扎，在立杆旁加设顶柱顶住横向水平杆，以分担一部分荷载，也可避免纵向水平杆因受荷过大而下滑，上下顶柱应保持在同一垂直线上。

木、竹多立杆式脚手架的一般构造要求见表5-3。

木、竹多立杆式脚手架的一般构造要求（m）　　表5-3

项目	砌筑用脚手架			装饰用脚手架		
	木		竹	木		竹
	单排	双排	双排	单排	双排	双排
里皮立杆离墙		0.5	0.5		0.5	0.5
排距	1.2~1.5	1.0~1.5	1.0~1.3	1.2~1.5	1.0~1.5	1.0~1.3
柱距	1.5~1.8	1.5~1.8	1.3~1.5	2.0	2.0	1.8
步距	1.2~1.4	1.2~1.4	1.2	1.6~1.8	1.6~1.8	1.6~1.8
横向水平杆间距	<1.0	<1.0	<0.75	1.0	1.0	<1.0
横向水平杆悬臂		0.45	0.45		0.40	0.40

二、里脚手架

里脚手架是一种搭设在建筑物内部的脚手架，一般用于墙体高度不大于4m的房屋内，在楼层上砌筑墙体和进行内部装修等施工作业。里脚手架的种类较多，在无需搭设满堂脚手架时，均可以采用各种工具式里脚手架。

在建筑工程中常用的工具式里脚手架，主要有折叠式、支柱式、门架式和马凳式等。

1. 折叠式

折叠式里脚手架的支架一般常用角钢制成，在两个脚手架之间铺上脚手板即可操作，也可以用粗钢筋、钢管等材料焊接制作（图5-12）。在用于砌筑墙体时，其架设间距不宜超过2.0m；在用于内装修时，其架设间距不宜超过2.5m。这种里脚手架可搭设两步，第一步为1.0m，第二步为1.65m。

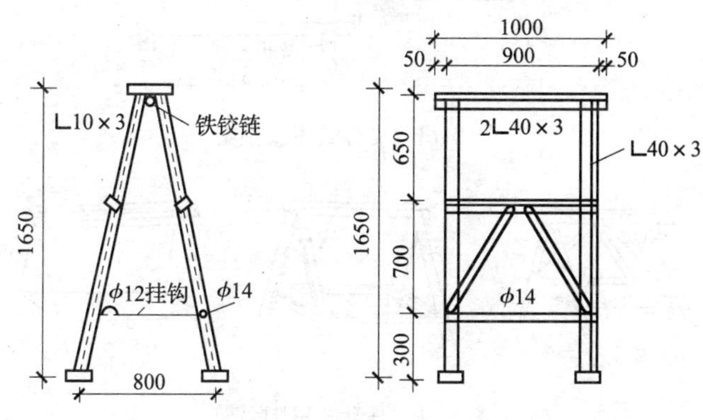

图5-12　角钢折叠式里脚手架

2. 支柱式

支柱式里脚手架是由若干支柱及横杆组成支架，在横杆上铺设脚手板组成。

套管式支柱，搭设时将插管插入立管中，以销孔间距调节脚手架的高度，插管顶端的凹形支柱内搁置方木横杆，以便在上面铺设脚手板。这种支柱式里脚手架的搭设高度在1.57~2.17m范围内，支柱的形式如图5-13所示。

3. 马凳式

在建筑工程室内施工中，施工单位还常用木、竹、钢筋等材料制成马凳式里脚手架，以方便各位置和各种情况使用，马凳式里脚手架的形式如图5-14所示。

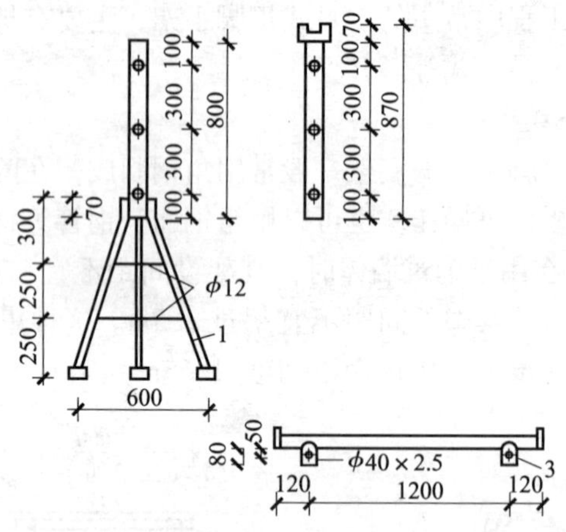

图 5-13　支柱式里脚手架

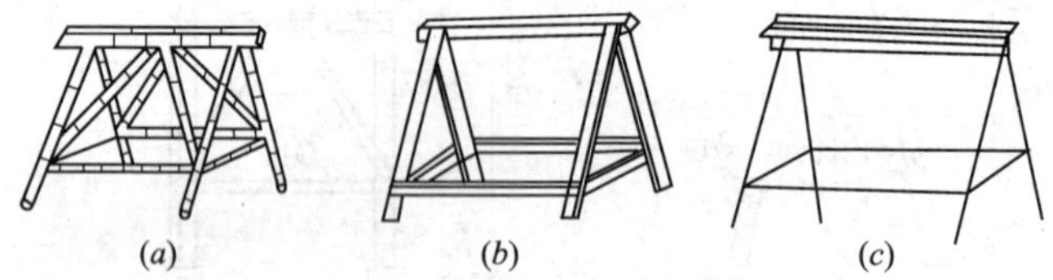

图 5-14　马凳式里脚手架

（*a*）竹马凳；（*b*）木马凳；（*c*）钢马凳

第三节　建筑起重机械

一、汽车式起重机

汽车式起重机是把起重机构安装在普通汽车底盘上或专用汽车底盘上的一种自行式全回转起重机，常用的汽车式起重机有QY8、QY16、QY32，农村建设中常用的小型起重机为QY8，见图5-15。这种起重机的行驶驾驶室和起重操作室是分开设置的，起重臂有桁架式和伸缩式两种。伸缩式汽车起重机可自动逐节伸缩，并具有各种限位和报警装置。其性能见表5-4。

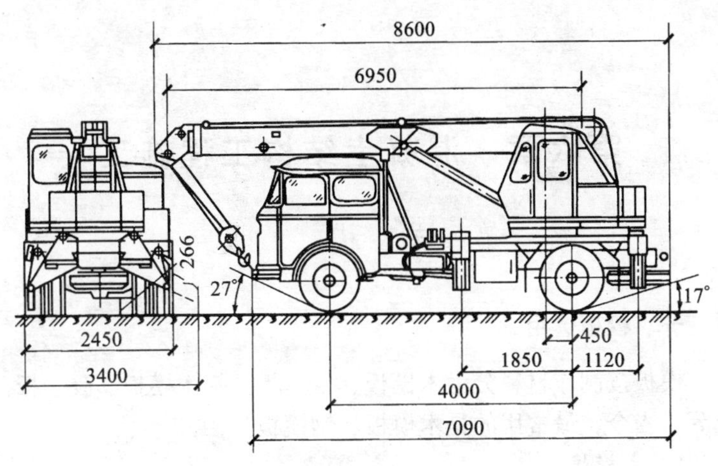

图 5-15　QY8 汽车起重机

汽车起重机的优点是行驶速度快、转移非常方便、对路面破坏性小，但在起重时必须使用支腿维持其稳定性，因而不能负荷行驶，适用于楼板等预制件的吊装。

QY8 汽车起重机的技术性能指标　　**表 5-4**

起重臂的长度		m	6.95	8.50	10.15	11.70
最小起重半径		m	3.20	3.40	4.20	4.90
最大起重半径		m	5.50	7.50	9.00	10.5
起重量	最小起重半径时	t	8.0	6.7	4.2	3.2
	最大起重半径时	t	2.6	1.5	1.0	0.8
起重高度	最小起重半径时	m	7.50	9.20	10.6	12.0
	最大起重半径时	m	4.60	4.20	4.80	5.20

二、改装起重机

在农村农用汽车、拖拉机具有面广量大的特点，其用途得到更深的挖掘，通过改装可以做成简单的移动式起重机。它具有方便灵活、价格便宜等优点，适于量小、分散的小型吊装工程，但存在性能不稳定、安全可靠性差等问题，选择时应特别注意。

第六章　混凝土结构工程施工

第一节　模　　板

一、模板选用

模板按制作材料分为木模板、钢模板、钢木模板、胶合板模板等。当今，最常用的是木模板、钢模板。

1. 木模板

木模板是混凝土施工使用最早的模板之一。木材被加工成木板、木方，然后根据设计组合成所需的模板，主要采用手工拼装而成。因其耗用木材多，方法落后，逐步成为辅助性模板。

近些年，在工程中出现了用多层胶合板做模板进行施工的方法。用多层胶合板制作的模板，具有加工成型比较容易、材质坚韧、不易透水、自重很轻等优点，浇筑出来的混凝土外观比较清晰美观。

2. 钢模板

钢模板是混凝土结构工程施工中使用最广泛的模板，特别是组合钢模板，可以拼装成适应多种尺寸、构造合理的各种结构形式，浇筑成型的混凝土构件表面光滑、棱角整齐、装拆方便。

组合钢模板是由一定模数的平面模板、角模板、支承件和连接件组成，是一种工具式模板。组合钢模板的部件主要由钢模板、连接件和支撑件三部分组成。

(1) 钢模板的类型及规格

钢模板主要包括平面模板和转角模板（图6-1）两大类。

钢模板的面板厚度一般为2.3mm或2.5mm，肋板的厚度一般为2.8mm。肋板上设存U形卡孔。钢模板采用模数制设计。

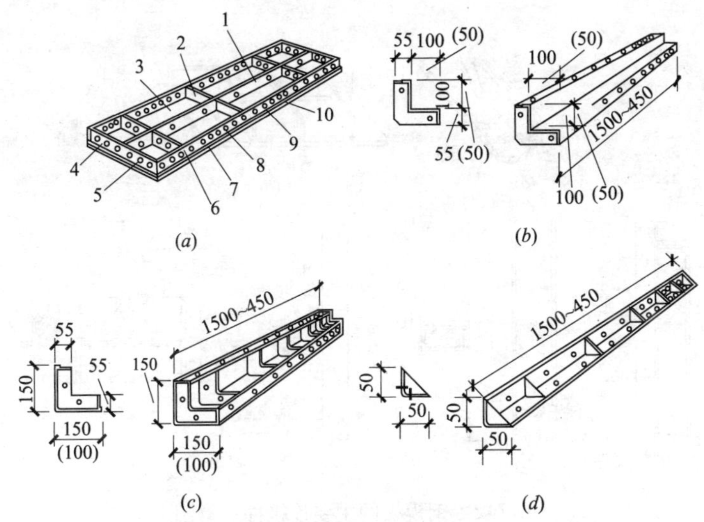

图 6-1 组合钢模板的模板类型

(*a*) 平面模板；(*b*) 阳角模板；(*c*) 阴角模板；(*d*) 连接角模

1—中纵肋；2—中横肋；3—面板；4—横肋；5—插销孔；6—纵肋；7—凸棱；8—凸鼓；9—U 形卡孔；10—钉子孔

平面模板的代号为 P，宽度以 100mm 为基础，以 50mm 为模数进级；长度以 450mm 为基础，以 150mm 为模数进级；肋板高为 55mm。平面模板利用 U 形卡和 L 形插销等，可以拼装成各种尺寸的大模板。平面模板的规格长度有：450mm、600mm、750mm、900mm、1200mm、1500mm；其宽度有：100mm、150mm、200mm、250mm、300mm。

转角模板有阴角模板、阳角模板和连接角模板三种，主要用于结构的转角部位。转角模板的长度与平面模板相同，它们的代号分别为 E、Y、J，其中阴角模板的宽度有 150mm × 150mm、100mm × 150mm 两种；阳角模板的宽度有 100mm × 100mm、50mm × 50mm 两种；连接角模板的宽度为 50mm × 50mm。

（2）组合钢模板连接配件

组合钢模板的连接配件主要包括：U 形卡、L 形插销、钩头螺栓、对拉螺栓、紧固螺栓和扣件等，如图 6-2 所示。

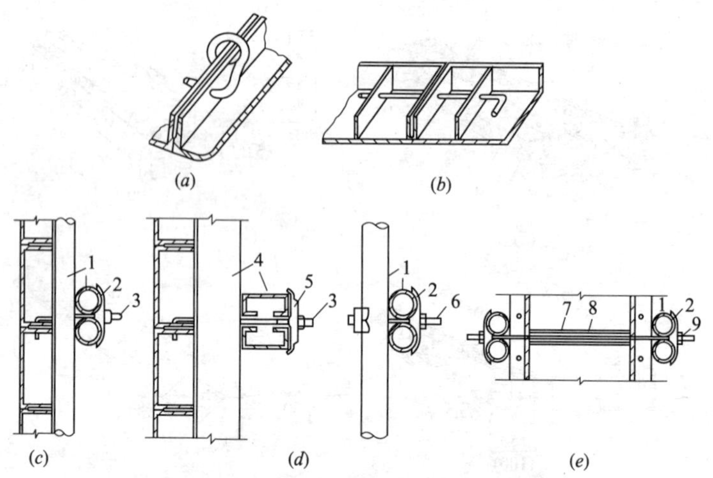

图 6-2　钢模板的主要连接件示意图

（*a*）U 形卡连接；（*b*）L 形插销连接；（*c*）钩头螺栓连接；

（*d*）紧固螺栓连接；（*e*）对拉螺栓连接

1—圆钢管楞；2—“3”形扣件；3—钩头螺栓；4—内卷边槽钢钢楞；

5—螺形扣件；6—紧固螺栓；7—对拉螺栓；8—塑料套管；9—螺母

U 形卡用于相邻模板的连接，其安装距离一般不得大于 300mm，即应每隔一个孔插一个 U 形卡，安装方向一顺一倒、相互交错，以抵消因打紧 U 形卡可能产生的位移。

L 形插销用于插入钢模板端部横肋的插销孔内，以加强两相邻模板接头处的刚度和保证接头处板面平整，使浇筑的混凝土表面无明显的痕迹。

钩头螺栓用于钢模板与内外钢楞的加固，安装间距一般不大于 600mm，即应每隔两个孔插一个钩头螺栓，其长度应与采用的钢楞尺寸相适应。

紧固螺栓用于紧固内外钢楞，长度应与采用的钢楞尺寸相适应。

对拉螺栓用于连接墙壁两侧模板，以保持模板与模板之间的设计厚度，并承受混凝土的侧压力及水平荷载，并保证模板不产生变形。

扣件用于钢楞与钢楞或与钢模板之间的扣紧。按照钢楞的形状不同，可分别采用蝶形扣件和“3”形扣件。

(3) 组合钢模板的支撑件

组合钢模板的支撑件，包括钢楞、柱箍、梁卡具、钢管支架、钢桁架、斜撑等。

钢楞又称龙骨，主要用于支承钢模板并提高其整体刚度。钢楞的材料有钢管、矩形钢管、槽钢等。

柱箍是用于直接支承和夹紧各类柱模的支撑件，可用扁钢、角钢、槽钢等现场加工。

梁卡具又称梁托架，是一种将大梁、过梁等钢模板夹紧固定的装置，并承受混凝土的侧压力（图6-3）。

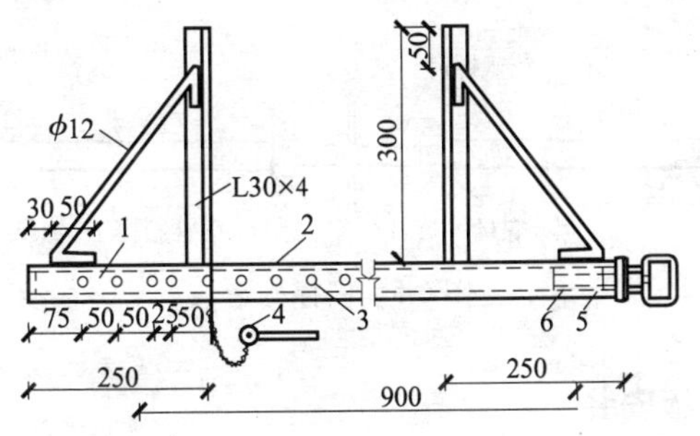

图6-3 梁卡具

1—ϕ32 钢管；2—ϕ25 钢管；3—ϕ10 圆孔；4—钢销；5—螺栓；6—钢筋环

钢管支架用于大梁、楼板等水平模板的垂直支撑，由内外两节钢管组成，可以伸缩以调节支柱的高度（图6-4）。

钢桁架可用于楼板、梁等水平模板的底部支撑，其跨度可调，可以取代或减少水平模板下的钢管支架，有效扩大施工楼层内的空间。钢桁架可用角钢或钢管制成，也可以制成两个半榀，在施工现场再拼装成整体。

斜撑主要用于固定和调整垂直模板用，见图6-5。

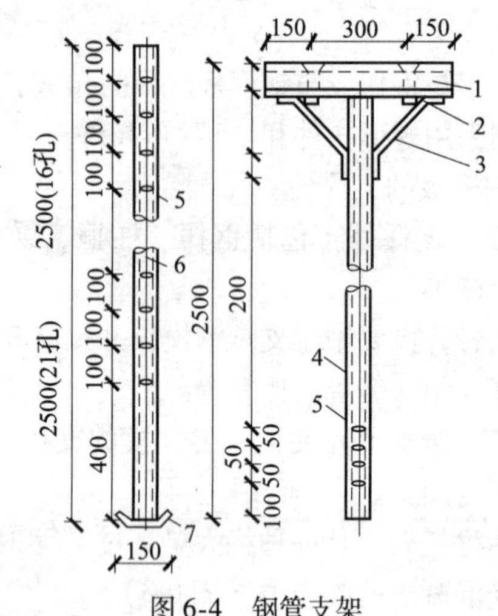

图 6-4　钢管支架

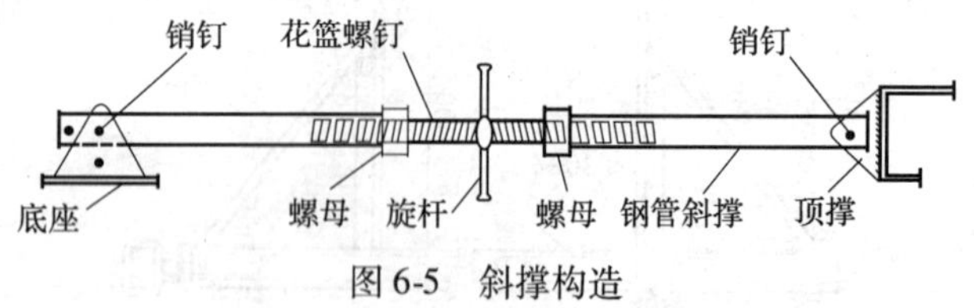

图 6-5　斜撑构造

二、模板安装

1．注意事项

（1）为确保工程质量和施工安全，在混凝土结构工程施工中，不得使用不合格的模板、杆件、连接件和支撑件。

（2）模板施工应按支模工序进行，立模未连接固定前，应设置临时支撑，以防止模板产生倾倒；U 形卡等零件，要装入专用箱或背包中，禁止随手到处乱丢，以免从高空掉落伤人。

（3）模板安装必须达到连接可靠、固定稳妥；在搭设脚手架时，脚手架应独立架立，严禁与模板及支柱连接在一起。

（4）雷雨大风等不良天气、施工光线不良、工人身体状况不佳等，均不得进行模板安装（或拆除）作业。

2. 模板安装质量检验

模板安装完毕后，检查的主要内容如下：

（1）检查模板的布局、形状、尺寸、组合是否合理，模板的施工顺序是否符合施工组织设计的要求。

（2）检查各种连接件、支承件的规格、数量、质量是否符合施工设计要求，特别是紧固情况、支承情况是否牢固。

（3）检查各种预埋件、预留孔洞的规格、位置、数量、质量及其固定牢固情况是否符合设计要求。

三、模板拆除

1. 模板拆除要求

现浇混凝土结构的模板及支架在拆除时，应符合下列规定：对于侧面模板，一般在混凝土强度能保证其表面及棱角不因拆除模板而受损坏后，方可拆除；对于底面模板，对混凝土的强度要求比较严格，必须在混凝土强度达到有关规定后，方可拆除。拆除承重模板的时间可参见表6-1。

拆除承重模板的参考时间（d）　　表6-1

水泥强度及品种	混凝土达到设计强度比（%）	混凝土硬化时昼夜平均温度（℃）					
		5	10	15	20	25	30
32.5普通水泥	50	12	8	6	4	3	3
	75	28	20	14	10	8	7
	100	55	45	35	28	21	18
42.5普通水泥	50	10	7	6	5	4	3
	75	20	14	11	8	7	6
	100	50	40	30	28	20	18
32.5矿渣水泥	50	18	12	10	8	7	6
	75	32	25	17	14	12	10
	100	60	50	40	28	24	20
42.5矿渣水泥	50	16	11	9	8	7	6
	75	30	20	15	13	12	10
	100	60	50	40	28	24	20

2. 模板拆除注意事项

（1）拆除模板的时间，必须严格遵守现行施工规范中的有关规定；在拆除模板之前，必须经有关技术人员鉴定和同意。

（2）拆除模板应按顺序分段进行，严禁猛撬、硬砸或大面积撬落或拉倒；在拆除梁、楼板模板时，应设临时支撑确保安全施工。

（3）拆下的模板应尽量及时运至维修站，或运出施工现场分类堆放，禁止模板乱堆乱放，防止“朝天钉”扎脚。

第二节 钢 筋 工 程

一、钢筋的验收与存放

1. 钢筋验收

钢筋都应有产品合格证、出厂质量证明书或试验报告单，每捆（盘）钢筋均有标牌，一般不得少于两个标牌，标牌上应有供方的厂标、钢号、炉罐（批）号等标记。验收人员应核对标牌、外观检查，并按国家有关标准的规定抽取试样作力学性能试验，合格后方可使用。

钢筋作力学性能试验的抽样方法，应按照以下规定：

（1）直钢筋。任选两根钢筋，每根钢筋切取两个试件，分别进行拉力试验和冷弯试验。

（2）盘圆钢筋（丝）。可从一盘钢筋（丝）上的每一端截去不少于500mm后，再按规定取两个试件，分别做拉力试验和冷弯试验。

检测中，如果有一项试验结果不符合国家标准的要求，则从同一批钢筋中取双倍试件重做试验。如果仍不合格，则该批钢筋为不合格品，不得在工程中使用。

值得一提的是农村建设钢筋用量少而分散，人们往往忽视了钢筋的力学性能检验，劣质的冒牌钢筋充斥市场，给工程安全带来很大隐患，应引起高度重视。

2．钢筋的存放

钢筋应按等级、钢号、直径、长度等挂牌存放。钢筋不得随意触地堆放，应将底部架高200mm以上，并准备防雨盖布；有条件的话尽量存放在料棚内。钢筋不得和酸、盐、油类等物品放在一起，以免污染和腐蚀钢筋。

二、钢筋的配料及加工

1．钢筋的配料

钢筋配料是根据混凝土结构构件的配筋图，计算各类钢筋的直线下料长度、总根数及钢筋总质量，然后编制、填写钢筋配料单，作为钢筋备料加工的依据。

（1）钢筋下料长度的计算

直钢筋下料长度 = 构件长度 - 保护层厚度 + 弯钩增加长度

弯起钢筋下料长度 = 直段长度 + 斜段长度 - 弯折量度差值 + 弯钩长度

箍筋下料长度 = 箍筋周长 + 箍筋调整值

1）混凝土保护层厚度：是指受力钢筋外边缘至混凝土构件表面的距离，应符合设计规定；如无设计要求时，保护层最小厚度可取20~30mm。

2）弯折量度差值：钢筋在弯曲的过程中，其外边缘伸长，内边缘缩短，钢筋的中轴线则保持弯曲前的长度。但在钢筋图中所标注的是外包尺寸，因此，弯曲后的钢筋，外包尺寸与钢筋中轴线长度之间存在一个差值，这个差值称为钢筋的量度差值。在计算钢筋下料长度时，必须从外包尺寸中扣除这个量度差值，才能确保钢筋的轴线实际长度准确下料。

钢筋弯曲处的量度差值，随着弯曲角度的增大而增加，见表6-2。

钢筋弯曲处的量度差值　　表 6-2

弯折角度	30°	45°	60°	90°	135°
量度差值	0.3d	0.5d	1.0d	2.0d	3.0d

3）弯钩增加长度：光圆钢筋末端应弯制成 180°弯钩，其弯弧内直径不应小于钢筋直径的 2.5 倍，弯钩的弯后平直部分长度不应小于钢筋直径的 3 倍。这样，钢筋下料长度应增加因弯钩增加的长度，即 6.25 倍的钢筋直径。

4）箍筋调整值：箍筋下料调整值见表 6-3。

箍筋下料调整值　　表 6-3

箍筋量度方法	箍筋直径（mm）			
	4～5	6	8	10
量外包尺寸	40	50	60	70
量内包尺寸	80	100	120	150～170

（2）钢筋配料单

在批量钢筋加工之前，为防止出错，最好根据施工图纸做出配料单，作为钢筋加工的依据，其格式见表 6-4。

钢筋配料单　　表 6-4

构件名称	钢筋编号	钢筋简图	直径（mm）	下料长度（mm）	根数
××构件（数量）	①		—	—	—
	②		—	—	—
	⋮		⋮	⋮	⋮

2. 钢筋的加工

钢筋加工是钢筋工程施工中的主导施工过程，主要包括钢筋调直、除锈、剪断、连接接长、弯曲成形等工作。

(1) 钢筋的调直

盘圆钢筋使用前应进行冷拉调直，它既可以调直去锈，又可拉长、节省钢筋，在农村通常由拖拉机直接牵拉完成，伸长率控制在4%~6%。

(2) 钢筋的切断

钢筋切断一般用钢筋手动切断器，它可切断直径小于16mm的钢筋；对于较粗的钢筋，量少可用钢锯切断，量大可用专用钢筋切断机切断。

(3) 钢筋的弯曲

少量的较细钢筋的弯曲可以采用人工扳钩。当钢筋较粗、数量大，且弯曲形状比较复杂时，应找专业厂家采用钢筋弯曲机弯曲。

钢筋加工的允许偏差应符合表6-5中的要求。

钢筋加工的允许偏差 **表6-5**

项　目	允许偏差（mm）
受力钢筋顺长度方向全长的净尺寸	±10
弯起钢筋的弯折位置	±20
箍筋内的净尺寸	±5

三、钢筋的连接

钢筋连接的方式有焊接连接、机械连接和绑扎连接三种，在农村建筑中常用的有焊接和绑扎两种连接方法，而焊接连接主要采用电弧焊连接。

1. 电弧焊连接

电弧焊常用的是交流弧焊机。

(1) 电弧焊的接头形式

在农村常见的钢筋电弧焊接头形式主要有搭接接头、帮条接头、钢筋与预埋件接头三种。

1）搭接接头和帮条接头如图6-6所示，适用于各种不同直径钢筋的连接，一般采用双面焊，搭接或帮条的长度：光圆钢筋4倍、螺纹钢筋5倍钢筋直径。

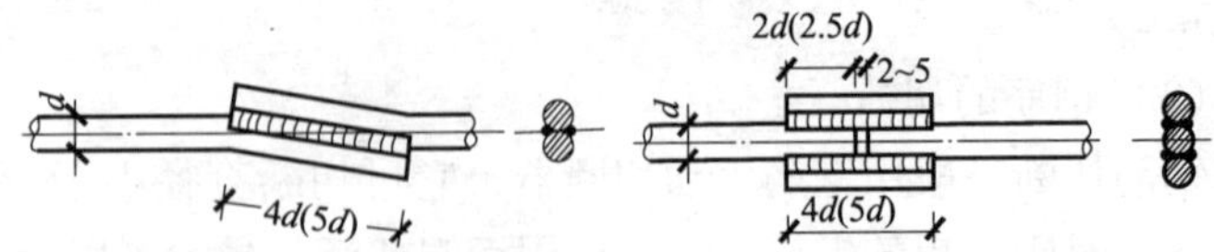

图6-6 钢筋电弧焊的接头形式

搭接焊接时，先将主钢筋的端部按搭接长度预弯，使被焊钢筋处在同一轴线上，并采用两端点焊定位。该种接头用于较细的钢筋连接比较适宜。

帮条焊接时帮条钢筋宜与主筋同级别、同直径，主筋端面间的间隙应为2~5mm，帮条和主筋间用四点对称定位点焊加以固定。该种接头适用较粗钢筋的连接。

钢筋搭接接头和帮条接头焊接，焊缝的厚度应不小于0.3d，且大于4mm，焊缝的宽度不小于0.7d，且不小于10mm。

2）钢筋与预埋件接头根据预埋件的形状和与连接钢筋的相对位置不同可分为对接接头和搭接接头两种，对接接头一般采用角焊，角焊缝焊脚K的取值不小于钢筋直径的0.5~0.6倍，如图6-7（a）所示。搭接接头一般采用双面焊，搭接长度一般为4~5倍的钢筋直径，如图6-7（b）。

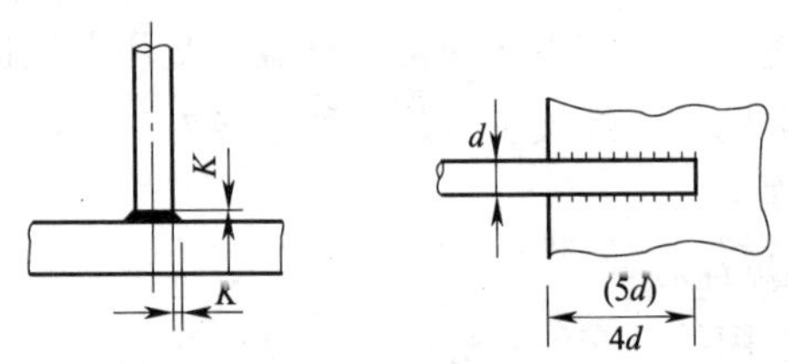

图6-7 钢筋与预埋铁件接头形式

（a）角焊；（b）搭接焊

（2）电弧焊接头注意事项

1）焊条选择。焊条的种类很多，分别适用于不同的焊接场合，应根据自身要求加以选择。钢筋焊接可选用普通碳钢焊条，一般可选用直径3.2mm、4mm的J300、J420、J500等型号。选用原则：较细的钢筋采用较细的焊条、较粗的钢筋选用较粗的焊条，光圆钢筋采用J300（搭接焊）和J420（帮条焊）焊条、螺纹钢筋采用J500焊条。

2）焊接质量检查

电弧焊接头的外观检查包括：焊缝平顺，不得有裂纹，没有明显的咬边、凹陷、焊瘤、夹渣和气孔，用小锤敲击焊缝应发出与其本金属同样的清脆声。

2. 钢筋的绑扎连接

钢筋绑扎接头就是在钢筋搭接处用铁丝绑扎而成。

（1）钢筋绑扎连接要求

1）钢筋绑扎的搭接长度：受拉钢筋≥1.2倍的最小锚固长度，且≥300mm；受压钢筋≥0.85倍的最小锚固长度，且≥200mm。钢筋最小锚固长度见表6-6。搭接处，在中心和两端用铁丝扎牢。

钢筋的最小锚固长度 **表6-6**

钢筋类型	混凝土强度等级			
	C15	C20	C25	C30
光圆钢筋	40d	30d	25d	20d
螺纹钢筋	50d	40d	35d	30d

2）钢筋绑扎用的铁丝，可采用20～22号铁丝（火烧丝）或镀锌铁丝（铅丝），其中22号铁丝只用于绑扎直径12mm以下的钢筋。钢筋绑扎时铁丝所用长度，可参考表6-7。

钢筋绑扎时铁丝所用长度参考表　　　表 6-7

钢筋直径（mm）	6～8	10～12	14～16	18～20	22	25
6～8	150	170	190	220	250	270
10～12		190	220	250	270	290
14～16			250	270	290	310
18～20				290	310	330
22					30	350

（2）绑扎连接注意事项

1）钢筋绑扎接头宜设置在受力较小处，主受力筋一般不宜采用。

2）同一构件中受力钢筋的绑扎搭接接头宜相互错开。

四、钢筋笼（网）的绑扎与安装

1. 钢筋的绑扎

在钢筋绑扎和安装之前，应首先熟悉施工图纸，核对成品钢筋的级别、直径、形状、尺寸和数量等，与钢筋配料单、挂牌是否相符，并研究钢筋安装的顺序、方法，同时准备绑扎用的铁丝、工具和绑扎架等。

为减少钢筋施工中的高空作业，尽量采用先绑扎、后安装的方法。

钢筋绑扎的程序是：画线→摆筋→穿箍→绑扎→安装垫块等。在进行钢筋画线时，应注意钢筋的间距、数量，标明加密箍筋的位置。板类摆筋顺序一般是先排主筋后排副筋；梁类一般是先排纵向钢筋。

钢筋绑扎应符合以下规定：

（1）凡是钢筋的交叉点，必须用铁丝将其扎牢。

（2）钢筋网片除靠外周两行钢筋的相交点全部扎牢外，中间部分的相交点可以间隔交错扎牢，但必须保证受力钢筋不发生位移。双向受力的钢筋网片，必须全部扎牢。

（3）梁和柱的钢筋，除设计有特殊要求外，一般情况下箍筋与受力筋应垂直设置。箍筋弯钩叠合处，应沿受力钢筋方向错开设置。对于梁，箍筋弯钩在梁面左右错开 50%；对于柱，箍筋弯钩在柱四角相互错开。

（4）板、次梁与主梁交叉处，板的钢筋在上，次梁的钢筋居中，主梁的钢筋在下；当有圈梁或垫梁时，主梁的钢筋在上。

2. 钢筋安装的质量检查

钢筋工程属于隐蔽工程，在浇筑混凝土前应对钢筋及预埋件进行全面检查验收，并作好隐蔽工程施工记录。主要检查：钢筋的牌号、直径、位置、形状、尺寸、根数、间距和锚固长度等是否正确；特别要注意主筋的位置、搭接长度及混凝土保护层厚度是否符合要求；检查钢筋绑扎是否牢固，钢筋表面是否被污染等。钢筋安装位置的允许偏差见表 6-8。

钢筋安装位置的允许偏差 **表 6-8**

<table>
<tr><th colspan="3">项　目</th><th>允许偏差（mm）</th></tr>
<tr><td rowspan="2">钢筋网</td><td colspan="2">长、宽</td><td>±10</td></tr>
<tr><td colspan="2">网眼尺寸</td><td>±20</td></tr>
<tr><td rowspan="2">钢筋笼</td><td colspan="2">长</td><td>±10</td></tr>
<tr><td colspan="2">宽、高</td><td>±5</td></tr>
<tr><td rowspan="5">受力钢筋</td><td colspan="2">间距</td><td>±10</td></tr>
<tr><td colspan="2">排距</td><td>±5</td></tr>
<tr><td rowspan="3">保护层厚度</td><td>基础</td><td>±10</td></tr>
<tr><td>柱、梁</td><td>±5</td></tr>
<tr><td>板、墙、</td><td>±3</td></tr>
<tr><td colspan="3">箍筋、横向钢筋间距</td><td>±20</td></tr>
<tr><td colspan="3">钢筋弯起点位置</td><td>±20</td></tr>
<tr><td rowspan="2">预埋件</td><td colspan="2">中心线位置</td><td>±5</td></tr>
<tr><td colspan="2">水平高差</td><td>±3</td></tr>
</table>

注：1. 检查预埋件中心线位置时，应沿纵、横两个方向量测，并取其中的较大值。

2. 表中梁类、板类构件上部纵向受力钢筋保护层厚度的合格率应达到 90% 及以上，且不得有超过表中数值 1.5 倍的尺寸偏差。

第三节　混凝土现场施工

一、配合比的现场调整

混凝土施工配合比是指施工现场的实际投料比例，是根据实验室提供的纯料（不含水）配合比及考虑现场砂石的含水率而确定的。

如实验室配合比为：水泥∶砂∶石子 = 1∶x∶y，水灰比为 W/C，现场测得砂石含水率分别为 W_x 和 W_y，则施工配合比为：水泥∶砂∶石子 = 1∶x（$1 + W_x$）∶y（$1 + W_y$），水灰比 W/C 不变，但用水量应扣除砂石中所含水的重量。

【例】　某工程混凝土实验室配合比为 1∶2.25∶4.46，水灰比 0.6，水泥用量 300kg/m^3，现场砂含水率 3%，石子含水率 1%，求施工配合比。如采用出料容量 250L 的搅拌机，求搅拌每盘混凝土的各种材料投料量。

【解】　施工配合比为：

水泥∶砂∶石子 = 1∶2.25（1 + 3%）∶4.46（1 + 1%）

= 1∶2.32∶4.50

250L 搅拌机每盘投料量为：

水泥：300 × 0.25 = 75kg

砂：75 × 2.32 = 174kg

石子：75 × 4.50 = 337.5kg

水：75 × 0.6 − 75 × 2.25 × 3% − 75 × 4.46 × 1% = 36.59kg

二、混凝土的搅拌

混凝土的搅拌可分为人工拌和和机械搅拌两种。由于人工拌和质量差、耗用水泥多、劳动强度大、生产效率低，所以仅用于工程量很小或电源未接通的小型工程。在一般情况下，都应当采用机械搅拌。

1. 常见的混凝土搅拌机

混凝土搅拌机有自落式和强制式两大类。

(1) 自落式搅拌机

自落式搅拌机又分为鼓筒式、锥形反转出料式和双锥形倾翻出料式三种。现在在农村常用的是锥形反转出料式搅拌机，见图6-8。通常有150L、200L、350L和500L几种型号，具体性能见表6-9。鼓筒式搅拌机已被淘汰，使用越来越少。

图6-8 锥形反转出料式混凝土搅拌机

锥形反转出料式混凝土搅拌机主要技术性能　　表6-9

搅拌机型号	JZY150	JZC200	JZ350	JZ500
出料容量（L）	150	200	350	500
进料容量（L）	240	320	560	800
搅拌筒转速（r/min）	18	16.3	14.5	16
生产率（m^3/h）	4.5~6	6~8	12~14	18~20

锥形反转出料式搅拌机由两个截头圆锥组成，搅拌筒每旋转一周，物料在筒中的循环次数比鼓筒式多，生产效率较高，且叶片布置比较合理，物料一方面被提升后靠自落进行拌和，另一方面又迫使物料沿轴向左右窜动，搅拌作用强烈。这种搅拌机正转

搅拌，反转出料，构造简单，制造容易，主要适用于搅拌塑性混凝土。

（2）强制式搅拌机

强制式混凝土搅拌机中有转动的叶片，通过叶片强制搅拌投入的混合料，较自落式混凝土搅拌机具有搅拌强烈、搅拌时间短等优点，常见的有立轴涡浆式，见图 6-9，型号有 250L、350L 和 500L 几种，技术性能见表 6-10，适宜搅拌干硬性混凝土。

图 6-9 立轴涡浆强制式混凝土搅拌机

立轴涡浆式混凝土搅拌机的主要技术性能 **表 6-10**

搅拌机型号	JW250	JW350	JW500
出料容量（L）	250	350	500
进料容量（L）	400	560	800
搅拌叶片转速（r/min）	36	32	28.5
搅拌时间（s/次）	72	90	90
生产率（m^3/h）	10～12	14～24	20～25

2. 混凝土搅拌机的搅拌制度

为了拌制出均匀优质的混凝土拌和物，除应合理选择搅拌机外，还必须正确地确定搅拌制度，即进料容量、搅拌时间和投料顺序等。

（1）进料容量

搅拌机的一次投料量宜控制在其额定容量以下。为充分发挥搅拌机的生产能力，也不可装料过少。

搅拌时的一次投料量要根据搅拌机的进料容量来确定，应根据施工配合比计算确定现场搅拌时原材料的一次投料量。

（2）搅拌时间

从原材料全部投入开始搅拌起到卸料时止所经历的时间，称为混凝土的搅拌时间。搅拌时间过短，混凝土不能搅拌均匀，影响混凝土的强度及和易性；搅拌时间过长，不仅会降低搅拌机的生产效率，也会影响混凝土的和易性和均质性。混合均匀、强度和工作性都能满足要求所需要的最短搅拌时间见表6-11。

混凝土搅拌的最短时间（s） **表6-11**

混凝土坍落度（mm）	搅拌机机型	搅拌机容量（L）	
		<250	250～500
≤30	自落式	90	120
	强制式	60	90
>30	自落式	90	90
	强制式	60	60

注：掺有外加剂的混凝土，搅拌时间适当延长；

（3）投料顺序

按照原材料加入搅拌筒内的投料顺序不同，常用的有一次投料法、二次投料法和水泥裹砂法等，二次投料法和水泥裹砂法等虽能节省水泥或提高混凝土强度，但工艺复杂，在农村较少使用，更多采用的是一次投料法。

一次投料法。这是目前最普遍采用的投料方法。它是将砂、石、水泥和水一起同时加入搅拌筒内进行搅拌。为了减少水泥的飞扬和水泥粘罐现象，对自落式混凝土搅拌机常采用的投料顺序为：先倒入砂（或石子），再倒入水泥，然后倒入石子（或不少），将水泥夹在砂、石之间，最后加水搅拌。

3. 混凝土搅拌机的使用与维护

正确使用和维护混凝土搅拌机应注意以下几个方面：

（1）严格按照规定的进料容量搅拌混凝土，不允许超过额定容量。

（2）在正式搅拌混凝土前，搅拌机应加适量的水运转，使搅拌筒壁的表面润湿。

（3）搅拌均匀的混凝土要将其全部卸出，卸出之前，不得再投入新的拌和料，更不得采用边出料、边进料的方法。

（4）混凝土搅拌完毕或预计停歇在1h以上时，应将搅拌机内的混凝土全部卸出，倒入石子和清水，搅拌5~10min，把粘在料筒上的砂浆冲洗干净后全部卸出，不得在筒内存留积水，以免搅拌机生锈，保持机械清洁完好。

三、混凝土的浇筑

混凝土从搅拌机卸出后不得延误，应尽快运输至浇筑地点。混凝土运输工具有双轮手推车、机动翻斗车、混凝土搅拌运输车等。在农村一般采用现场搅拌、就地浇筑，运输工具多采用双轮手推车。

1. 混凝土浇筑的一般规定

（1）混凝土浇筑前不应发生初凝和离析现象，如果已发生可重新搅拌，使混凝土恢复其流动性和黏聚性后再进行浇筑。混凝土运至现场浇筑时的坍落度应符合要求。

（2）为了使混凝土振捣密实，必须分层浇筑、分层捣实，并且应在下层混凝土初凝前将上层混凝土浇筑、捣实完毕。每层混凝土的浇筑厚度与捣实方法、结构配筋情况等因素有关，且不应超过表6-12的规定。

混凝土浇筑层厚度（mm）　　表 6-12

捣实混凝土的方法		浇筑层厚度
插入式振捣		振捣器作用部分长度的 1.25 倍
表面式振捣		200
人工方法捣固	在基础、无筋混凝土或配筋稀疏的结构中	250
	在梁、墙板、柱结构中	200
	在配筋密列的结构中	150

（3）为了保证混凝土浇筑时不产生离析现象，混凝土自高处倾落时的自由下落高度不应超过 2m。否则，则应设置溜槽或串筒（图 6-10），且浇筑前，应先在底部填筑一层 50～100mm 厚与混凝土内砂浆成分相同的水泥砂浆，然后再浇筑混凝土。

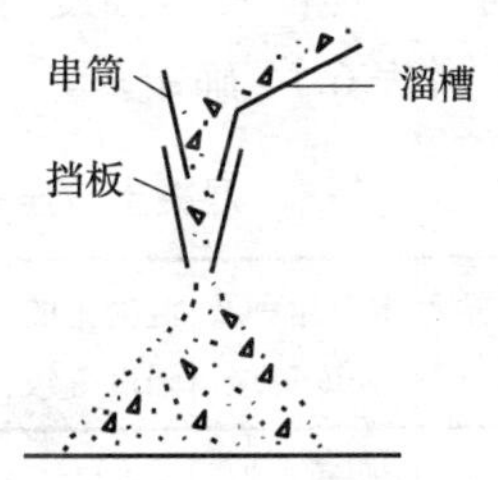

图 6-10　防止混凝土产生离析的溜槽或串筒

（4）混凝土的浇筑工作应尽可能连续作业，如果上下层混凝土浇筑必须间歇，其间歇时间应尽量缩短，并应在混凝土初凝前将混凝土浇筑完毕。混凝土从搅拌机中卸出，经运输、浇筑及间歇的全部延续时间不得超过表 6-13 的规定。

混凝土浇筑允许延续时间（min）　　表 6-13

混凝土的强度等级	气温	
	≤25°	>25°
C30 及 C30 以下	210	180
C30 以上	180	150

2. 施工缝的留设与处理

混凝土浇筑过程中间歇时间超过混凝土的初凝时间，须留设施工缝。一般情况下当混凝土工程量不是很大时，最好一次浇筑而成，不留施工缝。如工程量大一次浇不完时，应按规定留设并处理。

（1）施工缝的留设

施工缝尽可能留设在受力较小、便于施工的部位。如柱子的施工缝宜留设在基础与柱交接处的水平面上、梁的下面。

（2）施工缝的处理

混凝土施工缝应按下列规定处理：

1）当先浇筑混凝土抗压强度达到或超过 1.2MPa 时，方可在施工缝处继续浇筑混凝土。混凝土的抗压强度达到 1.2MPa 的时间与水泥品种与强度等级、混凝土强度等级和施工气温有关，可参考表 6-14 确定。

混凝土抗压强度达到 1.2MPa 时所需龄期　　表 6-14

<table>
<tr><th>外界温度（℃）</th><th>水泥品种及强度等级</th><th>混凝土的强度等级</th><th>龄期（h）</th><th>外界温度（℃）</th><th>水泥品种及强度等级</th><th>混凝土的强度等级</th><th>龄期（h）</th></tr>
<tr><td rowspan="4">1~5</td><td rowspan="2">普通水泥 42.5</td><td>C15</td><td>48</td><td rowspan="4">10~15</td><td rowspan="2">普通水泥 42.5</td><td>C15</td><td>24</td></tr>
<tr><td>C20</td><td>44</td><td>C20</td><td>20</td></tr>
<tr><td rowspan="2">矿渣水泥 32.5</td><td>C15</td><td>60</td><td rowspan="2">矿渣水泥 32.5</td><td>C15</td><td>32</td></tr>
<tr><td>C20</td><td>50</td><td>C20</td><td>24</td></tr>
<tr><td rowspan="4">5~10</td><td rowspan="2">普通水泥 42.5</td><td>C15</td><td>32</td><td rowspan="4">15 以上</td><td rowspan="2">普通水泥 42.5</td><td>C15</td><td>20</td></tr>
<tr><td>C20</td><td>28</td><td>C20</td><td>20</td></tr>
<tr><td rowspan="2">矿渣水泥 32.5</td><td>C15</td><td>40</td><td rowspan="2">矿渣水泥 32.5</td><td>C15</td><td>20</td></tr>
<tr><td>C20</td><td>32</td><td>C20</td><td>20</td></tr>
</table>

2）在施工缝处浇筑混凝土之前，应将施工缝表面的水泥薄膜、松动的石子和软弱的混凝土层除去，并加以充分湿润和冲洗干净，但不得有积水。

3）在浇筑混凝土前，在施工缝处宜先铺一层水泥浆（水泥∶水＝1∶0.4）或与混凝土成分相同的水泥砂浆，其厚度为 10~15mm，以保证接缝的质量。

4）在浇筑混凝土的过程中，施工缝处应细致捣实，使新旧混凝土紧密结合在一起。

四、混凝土的振捣

1. 混凝土捣实方法

混凝土捣实的方法有人工捣实和机械振捣两种，在施工条件允许的情况下，应尽量采用机械振捣。

人工捣实适用于采用塑性混凝土、工程量较小的情况。捣实时必须分层，且每层厚度不宜超过规定。在进行插捣时，要注意插匀插全，尤其是主钢筋的下面、钢筋密集处、石子较多处、模板阴角处及施工缝处应特别注意。

2. 混凝土振捣机械

混凝土的振动机械有插入式振动器和表面式振动器两种，见图6-11。

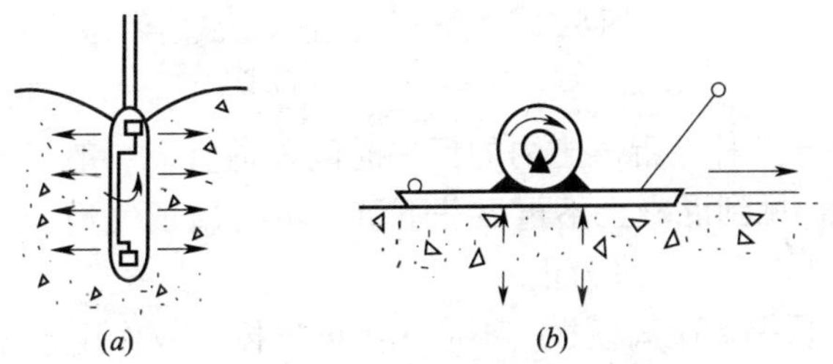

图6-11 混凝土的振捣机械

（a）内部振动器；（b）表面振动器

（1）插入式振动器

插入式振动器又叫振捣棒，是施工现场使用最多的振捣机械，多用于振捣现浇基础、柱、梁、墙等结构构件。

振捣棒使用要点

1）在使用内部振动器振捣混凝土前，应首先检查各部件是否完好，各连接处是否紧固，电动机是否绝缘，电源电压和频率是否符合规定，待一切合格后，方可接通电源进行试运转。

2）振捣棒要做到“快插慢拔”。快插是为了防止将表层混凝土先振实，与下层混凝土发生分层、离析现象；慢拔是为了使混凝土能填埋振捣棒在拔出时的空隙，防止产生振捣棒孔洞。

3）振捣棒宜垂直插入混凝土中，为使上下层混凝土能很好地结合成一个整体，振捣棒应插入下层混凝土 50mm，以利于上下层混凝土相互结合。

4）振捣棒插点要均匀排列，既不要发生重复振捣，更不能产生漏振。各插点的布置方式有行列式与交错式两种，如图 6-12 所示。两个插点的间距不宜大于振捣棒有效作用半径的 1.5 倍。

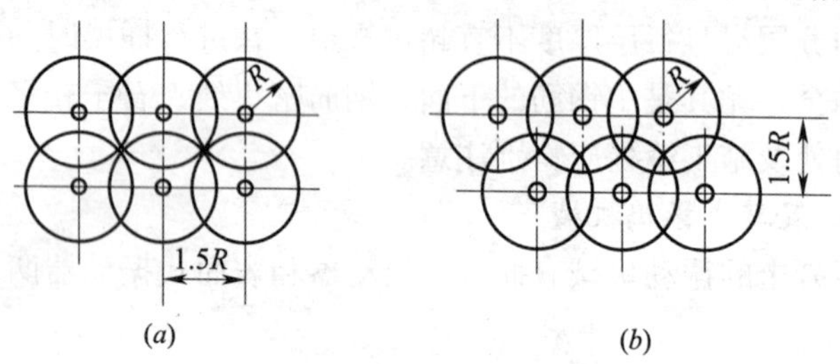

图 6-12 振捣棒插点布置方式

（a）行列式；（b）交错式

5）振捣棒在混凝土内的振捣时间要适宜，一般每个插点约 20～30s，见到混凝土不再显著下沉，不再出现气泡，表面平整且泛出均匀的水泥浆为止。

6）振捣棒距离模板，不应大于振捣棒有效作用半径的 1/2，并要避免触及钢筋、模板、芯管、预埋件等，决不能采用通过振动钢筋的方法来使混凝土振实。

7）由于插入式振动器下部振幅比上部大，为使混凝土振捣均匀，在振捣的过程中应将振捣棒上下抽动 50～100mm，每个插点抽动 3～4 次。

8）振捣棒软管的弯曲半径不得小于 50cm，并且不得多于两个弯，也不得出现断裂和死弯现象。

9）在检修、移动和作业间歇时，必须首先切断电源，在振捣作业时操作人员必须穿戴绝缘劳动保护用品，必须掌握安全用电的基本知识。

（2）表面式振动器

表面式振动器又称为平板式振动器，如图6-11（b）所示。这种振动机械是将振动器安装在底板上，振捣时将振动器放在浇筑好的混凝土结构表面，振动力通过底板传给混凝土。

平板振动器的操作要点

1）在振捣中，底板必须与混凝土紧密接触，以保证振动力有效进行传递。表面振动器振实的厚度一般约为200mm。

2）表面振动器在每一个位置应连续振动一定的时间，在正常情况下一般为25～40s，并以混凝土表面均匀泛浆为准。

3）平板振动器移动时应按照一定的线路，并保证前后左右相互搭接30～50mm，特别应注意防止漏振。

4）当振动倾斜的混凝土表面时，振动的路线应由低处向高处推进。

五、混凝土的养护与拆模

1. 混凝土养护

混凝土养护的方法很多，在建筑工程中常用的主要有自然养护和人工养护两大类。

（1）自然养护

自然养护是指在常温（平均气温不低于5℃）条件下，用浇水或保水方法使混凝土在规定的时间内，在适宜的温度和湿度环境中产生凝结硬化，逐渐达到设计要求的强度。自然养护成本低、养护效果好，但养护期长，多用于现浇混凝土结构。

采用自然养护方法，应符合下列规定：

1）在常温情况下，混凝土浇筑完毕12h以内对其应加以覆盖保湿和浇水养护，以防止混凝土在初期产生干缩裂缝。

2）混凝土浇水养护的时间：采用硅酸盐水泥、普通硅酸盐水泥、矿渣硅酸盐水泥拌制的混凝土，不得少于7d；对于掺加缓凝外加剂或有抗渗性要求的混凝土，不得少于14d。

3）每天对混凝土的浇水次数，应根据气温、风力、湿度、覆盖情况等综合考虑，以保持混凝土处于湿润状态为准。

4）对不易浇水养护的混凝土可采用表面喷吐养生剂的方法。

不同品种和不同强度等级的水泥所拌制的普通混凝土，在自然养护的条件下，环境温度和养护龄期不同，混凝土所达到的强度百分比是不同的。表 6-15 中列出了常用普通混凝土自然养护的强度增长百分率，可供混凝土养护中参考。

常用普通混凝土自然养护的强度增长百分率　　表 6-15

水泥品种	强度等级	龄期（d）	混凝土硬化时的平均温度（℃）							
			1	5	10	15	20	25	30	35
			混凝土所达到的强度百分率（%）							
普通硅酸盐水泥	32.5	3	12	20	26	33	40	46	52	57
		5	20	28	35	44	50	56	62	67
		7	22	34	42	50	58	64	68	75
		15	44	54	64	73	81	88		
		28	65	72	82	92	100			
	42.5	3	14	20	25	32	37	43	48	52
		5	24	30	36	44	50	57	63	66
		7	32	40	46	54	62	68	73	76
		15	52	63	71	80	88			
		28	68	78	86	94	100			
火山灰质水泥及矿渣水泥	32.5	3			11	16	22	28	34	44
		5		10	24	27	33	42	50	58
		7	14	23	30	36	44	52	61	70
		15	28	41	54	64	72	80	88	
		28	41	61	77	90	100			
	42.5	3			11	17	22	26	32	38
		5	12	17	22	28	34	39	44	52
		7	13	24	32	38	45	50	55	68
		15	32	46	57	67	71	80	86	92
		28	48	64	83	92	100			

（2）人工养护

人工养护有蒸汽养护、电热养护、太阳能养护等，在小型预制件厂广泛应用太阳能养护。

太阳能养护是利用太阳的辐射能对混凝土进行加热养护，这是一种节能型混凝土养护方法。冬期混凝土施工也可采用电热毯进行电热养护。

2. 混凝土拆模

混凝土结构浇筑完毕后，必须达到一定的强度方可拆模。

（1）现浇混凝土拆模要求

对于现浇混凝土结构的拆模期限，应遵守以下规定：

1）对于非承重的侧面模板，应在混凝土强度能保证其表面及棱角不因拆除模板而损坏时，方可进行拆除。

2）承重模板的拆模应当非常慎重，不可随意或估计强度进行拆模，而应在混凝土达到表 6-16 规定的强度时，方可进行拆除。

现浇混凝土结构拆模时所需达到的强度　　　表 6-16

混凝土结构类型	结构跨度（m）	达设计强度标准值的百分率（%）
板	≤2	50
	>2，≤8	75
	>8	100
梁、拱	≤8	75
	>8	100
悬臂构件	≤2	75
	>2	100

底模拆除期限可参考表 6-17 中的数值。

底模拆除期限参考表　　表 6-17

结构类型	混凝土拆模需达到强度（%）	水泥		硬化时昼夜的平均温度（℃）					
		品种	强度等级	5	10	15	20	25	30
				模板拆除期限（d）					
跨度≤2m的承重结构	50	普通硅酸盐水泥	32.5	12	8	6	4	3	3
			42.5	10	7	6	5	4	3
		矿渣硅酸盐水泥	32.5	18	12	10	8	7	6
			42.5	16	11	9	8	7	6
跨度 2～8m的板及拱，8m 以下的梁底模，≤2m 的悬臂梁和板	75	普通硅酸盐水泥	32.5	32	23	16	13	10	9
			42.5	25	16	13	10	9	8
		火山灰质水泥及矿渣硅酸盐水泥	32.5	36	28	20	16	13	10
			42.5	33	24	18	15	13	10
跨度＞8m承重结构，跨度＞2m的悬臂梁和板	100	普通硅酸盐水泥	32.5	55	45	35	28	21	18
			42.5	50	40	30	28	20	18
		火山灰质水泥及矿渣硅酸盐水泥	32.5	60	50	40	28	24	20
			42.5	60	50	40	28	24	20

（2）拆模基本顺序

拆模一般应遵循先支后拆、后支先拆、先非承重部位、后承重部位以及自上而下的原则，重大复杂的模板，在拆除产必须制定切实可行的拆除方案。

1）柱子模板单块组拼的，应先拆除钢楞、柱箍和对拉螺栓等连接件、支撑件，然后再由上而下逐步拆除；预先组拼的模板，则应先拆除两个对角的卡件，并进行临时支撑后，再拆除另两个对角的卡件，待吊钩挂牢后，拆除临时支撑，方能脱模起吊。

2）墙模板单块组拼的，在拆除对拉螺栓、大小钢楞和连接件后，再从上而下逐步水平拆除；预先组拼的模板，应在挂好吊钩后，检查所有连接件是否拆除后，方能拆除临时支撑、脱模起吊。

在对拉螺栓拆除时，可将与对拉螺栓平齐的混凝土表面切断，也可在混凝土内预先埋入套管，将对拉螺栓从套管中抽出重复使用。

3）梁和楼板模板的拆除，应先拆去梁的侧模，再拆除楼板的底模，最后拆除梁的底模。拆除跨度较大的梁下支柱时，应先从跨中开始逐步对称地拆向两端。

多层楼板模板支柱拆除时，如果上层楼板正在浇筑混凝土，下一层楼板的模板支柱不得拆除，再下一层楼板模板的支柱，仅可拆除一部分；跨度4m及4m以上的梁下均应保留支柱，其间距不得大于3m。

（3）拆模注意事项

1）在进行拆模的过程中，操作人员应时刻注意安全，站在稳固的安全处操作，相互之间应当密切配合、及时提醒，以免发生安全事故。

2）拆除模板时应按照一定顺序进行，不能违背科学的拆除程序，更不能上下层同时进行拆除。

3）在拆除模板时，尽量不要用力过猛过急，严禁用大锤和撬棍硬砸硬撬，以避免混凝土表面或模板受到损坏。

4）在拆除模板的过程中，应事先划出拆模范围，不允许无关人员进入施工现场，上下要做到统一指挥、统一号令，雷雨和刮风天气不允许拆模作业。

5）拆下的模板和配件，严禁随意抛掷，按指定地点堆放，并做到及时维修和涂刷隔离剂，以备重复使用。

6）在拆除模板的过程中，如发现混凝土有影响结构安全的质量问题时，应立即停止拆模，待查明原因、作出判断、维修处理后，才能继续拆除。

六、混凝土冬期施工

混凝土工程应通过科学的施工安排尽量避开冬期施工，当避不开时必须考虑冬期施工措施。混凝土冬期施工措施有暖棚法、蓄热法、电热法等。

1. 蓄热法施工工艺

蓄热法施工工艺的基本特点是：对拌和水和骨料进行适当加热，用热混凝土拌和物浇筑，浇筑完成的构件用保温材料覆盖围护。利用原材料预加的热量和水泥水化放出的水化热，使混凝土缓慢冷却，在混凝土温度降至0℃前，获得早期抗冻能力或达到预定的强度目标。

2. 综合蓄热法施工工艺

综合蓄热法是在混凝土拌和物中掺加少量的防冻剂，并对原材料预先加热，搅拌和运输都要进行适当保温，混凝土拌和物浇筑后的温度一般应在10℃以上。通过蓄热保温，使混凝土经过1~1.5d后才冷却至0℃，此时混凝土已达到终凝。

3. 暖棚法施工工艺

暖棚法养护是在建筑物或构件的周围搭设围护结构，通过人工加热使围护结构内的空气保持正温，混凝土的浇筑和养护均在围护结构中进行。采用暖棚法施工，要使围护结构内测点温度不得低于5℃，并设专人检测混凝土及棚内的温度。

4. 电热法养护

电热法是用电能加热养护混凝土，较常用电热毯加热法。

第四节　混凝土工程质量检查及缺陷处理

一、混凝土工程质量检查方法

主要包括对混凝土强度的检查和结构外观质量检查。

1. 混凝土强度的检查

混凝土的抗压强度（也称立方体抗压强度）是检查结构或

构件混凝土是否达到设计强度等级的依据。其检查方法是：按规定方法制作边长150mm的立方体试块，在温度20±3℃和相对湿度90%以上的潮湿环境或水中的标准条件下，经过28d养护后试验确定。试验结果作为核算结构或构件的混凝土强度是否达到设计要求的主要依据。

（1）试块制作

混凝土试块应当用标准的钢模制作，试块的尺寸和数量应符合下列规定：

1）标准试块为边长为150mm的立方体，应尽量采用标准试块。

2）试块应在混凝土浇筑地点随机取样制作。混凝土试块组数应按下列规定留置：

① 每工作班拌制的同配合比的混凝土取样一次；

② 每次取样应至少留置一组3个试块。

（2）混凝土强度验收评定的标准

每组（三块）试块应在同盘混凝土中取样制作，其强度代表值应按下述规定确定：

1）取三个试块试验结果的平均值，作为该组试块的强度代表值；

2）当三个试块中的最大或最小的强度值与中间值相比超过15%时，取中间值代表该组的混凝土试块的强度；

3）当三个试块中的最大和最小的强度值与中间值相比均超过中间值的15%时，其试验结果不应作为评定的依据。

满足下列两个条件混凝土强度方为合格：

1）同一验收混凝土立方体抗压强度平均值大于或等于混凝土立方体抗压强度标准值的1.15倍；

2）同一验收混凝土立方体抗压强度最小值应大于或等于混凝土立方体抗压强度标准值的0.95倍。

2. 现浇混凝土结构的外观检查

（1）外观检查的一般规定

1）现浇混凝土结构的外观质量缺陷，根据其对结构性能和施工性能影响的严重程度分严重缺陷和一般缺陷，可按表 6-18 中的规定确定。

现浇结构外观的主要质量缺陷　　表 6-18

名称	现象	严重缺陷	一般缺陷
露筋	构件内钢筋外露	纵向受力筋有露筋	其他筋有少量露筋
蜂窝	表面石子外露	主受力部位有蜂窝	其他部位有少量蜂窝
孔洞	孔穴深度和长度均超过保护层厚度	构件主要受力部位有孔洞	其他部位有少量孔洞
夹渣	夹有杂物且深度超过保护层的厚度	构件主要受力部位有夹渣	其他部位有少量夹渣
疏松	混凝土中局部有不密实现象	构件主要受力部位有疏松	其他部位有少量疏松
裂缝	缝隙从混凝土表面延伸至内部	主受力部位有影响结构使用的裂缝	其他部位有少量不影响使用的裂缝
连接缺陷	混凝土缺陷及连接钢筋、连接件松动	有影响结构传力性能的缺陷	有基本不影响结构传力性能的缺陷
外形缺陷	缺棱掉角、棱角不直、翘曲不平等	影响装饰效果的外形缺陷	不影响装饰效果的外形缺陷
外表缺陷	表面有麻面、掉皮、起砂、沾污等	影响装饰效果的外表缺陷	不影响装饰效果的外表缺陷

2）现浇混凝土结构拆模后，应对外观质量和尺寸偏差进行检查，并做好施工检查记录，及时按施工技术方案对缺陷进行处理。

（2）外观质量的检查

现浇混凝土结构的外观质量不应有严重缺陷。对已经出现的严重缺陷，应由施工单位提出技术处理方案，并经业主认可后进行处理。对经过处理的部位，应重新进行检查验收。

现浇混凝土结构的外观质量不应有一般缺陷。对已经出现的一般缺陷，应由施工单位进行处理，并经业主认可。

（3）结构的尺寸偏差

根据《混凝土结构工程施工质量验收规范》（GB 50204—2002）的要求，现浇混凝土结构拆模后的尺寸偏差，应符合表6-19中的规定。

现浇结构尺寸允许偏差和检验方法　　表6-19

<table>
<tr><th colspan="3">项目</th><th>允许偏差（mm）</th><th>检验方法</th></tr>
<tr><td rowspan="4">轴线位置</td><td colspan="2">基础</td><td>15</td><td rowspan="4">钢尺检查</td></tr>
<tr><td colspan="2">独立基础</td><td>10</td></tr>
<tr><td colspan="2">墙、柱、梁</td><td>8</td></tr>
<tr><td colspan="2">剪力墙</td><td>5</td></tr>
<tr><td rowspan="3">垂直度</td><td rowspan="2">层高</td><td>≤5m</td><td>8</td><td>吊线、钢尺检查</td></tr>
<tr><td>>5m</td><td>10</td><td>吊线、钢尺检查</td></tr>
<tr><td colspan="2">全高（H）</td><td>≤30</td><td>钢尺检查</td></tr>
<tr><td rowspan="2">标高</td><td colspan="2">层高</td><td>±10</td><td rowspan="2">水准仪或拉线、钢尺检查</td></tr>
<tr><td colspan="2">全高</td><td>±30</td></tr>
<tr><td colspan="3">截面尺寸</td><td>+8，−5</td><td>钢尺检查</td></tr>
<tr><td colspan="3">表面平整度</td><td>8</td><td>2m靠尺检查</td></tr>
<tr><td rowspan="3">预埋设施中心位置</td><td colspan="2">预埋件</td><td>10</td><td rowspan="3">钢尺检查</td></tr>
<tr><td colspan="2">预埋螺栓</td><td>5</td></tr>
<tr><td colspan="2">预埋管</td><td>5</td></tr>
<tr><td colspan="3">预留洞中心线位置</td><td>15</td><td>钢尺检查</td></tr>
</table>

二、混凝土结构缺陷处理方法

现浇钢筋混凝土结构常见的质量缺陷有露筋、蜂窝、孔洞和裂缝等，其发生的原因和处理方法如下：

1. 露筋

露筋是指混凝土内部的主筋、副筋或箍筋局部裸露于结构构件的表面，这是钢筋混凝土结构施工中常见的质量缺陷。

产生露筋的主要原因是：钢筋保护层垫块过少或漏放，或振捣时产生位移，从而致使钢筋紧贴模板；结构构件的截面较小，配置钢筋过密，石子卡在钢筋上，使水泥砂浆不能充满钢筋周围，混凝土的配合比不当，产生离析，靠模板部位缺浆或漏浆；混凝土的保护层太小或保护层处混凝土漏振或振捣不密实；采用的木模板未浇水湿润，吸水粘结或拆模过早，以致缺棱掉角，导致露筋。

对于露筋的处理方法是：在进行修整时，对表面的露筋，应先将钢筋上的混凝土残渣及铁锈刷洗干净后，在表面抹 1:2 或 1:2.5的水泥砂浆，将露筋部位抹平；当露筋处较深时，应凿去薄弱混凝土和凸出的颗粒，洗刷干净后，用比原混凝土强度等级高一级的细石混凝土填塞压实，并加强养护。

2. 蜂窝

蜂窝是指混凝土结构构件的表面，由于砂浆较少、石子较多，局部出现酥松，石子之间出现孔隙类似蜂窝状的孔洞，这也是钢筋混凝土结构施工中常见的质量缺陷。

产生蜂窝的主要原因是：材料计量不准确，造成混凝土配合比不当，尤其水泥砂浆不足；混凝土搅拌时间不够，未能拌和均匀，使其和易性差，振捣不密实或漏振，或振捣时间不够；混凝土下料方式不当或下料过高，未设置串筒或溜槽，使石子集中在一起，造成混凝土分层离析等。

对于蜂窝的处理方法是：对出现的较小蜂窝，可用水洗刷干净后，用1:2 或1:2.5 的水泥砂浆抹平压实；对于较大的蜂窝，应凿去蜂窝处薄弱松散的颗粒，用清水冲刷干净，再用比原混凝土强度等级高一级的细石混凝土填塞压实；对于较深的蜂窝，如清除比较困难，可埋入压浆管、排气管，在表面抹砂浆或灌注混凝土封闭后，进行水泥压浆处理。

3. 孔洞

孔洞是指混凝土结构内部有尺寸较大的空隙，局部没有混凝土或蜂窝特别大，造成钢筋局部或全部裸露。

对于孔洞的处理方法是：当混凝土出现孔洞后，施工单位应与有关单位共同研究，制定补强方案后可进行处理。一般的修补方法是将孔洞周围的松散混凝土和软弱浆膜凿除，用压力水冲洗干净，用比原混凝土强度等级高一级的细石混凝土仔细填塞压实。为避免新旧混凝土接触面上出现收缩性裂缝，细石混凝土的水灰比宜控制在0.50以内，并可掺入水泥用量的万分之一的铝粉。

4. 裂缝

混凝土结构构件在施工的过程中，由于各种原因在结构构件上产生纵向的、横向的、斜向的、竖向的、水平的、表面的、深层的或贯穿的各类裂缝，这是钢筋混凝土结构工程施工中最常见的质量缺陷。裂缝的深度、部位和走向随产生的原因而异，裂缝的宽度、长度和深度不一，基本上无规律性，有的受温度、湿度变化的影响自行闭合或扩大。

对于裂缝的处理方法是：① 对结构构件承载力无影响的一般性细小裂缝，可将裂缝部位清洗干净后，用环氧树脂浆液表面涂刷封闭；② 如果裂缝开裂较大或对结构承载力影响较大时，应请专业队伍进行加固处理。

第七章 防水屋面施工

第一节 屋面防水等级与类型

一、屋面防水等级

农村建筑防水工程主要有屋面防水和地下防水等。屋面防水工程根据建筑物的性质、重要程度、使用功能、防水层要求和使用年限等，可分为四个等级，如表7-1所示；防水等级不同，造价相差很大，农村建筑应根据自身条件慎重选择防水等级，屋面防水宜选Ⅲ等为宜。防水屋面施工工艺要求严格细致，在施工工期安排上应避开雨期和冬期施工。

屋面防水等级和设防要求 **表7-1**

项目	屋面防水等级			
	Ⅰ	Ⅱ	Ⅲ	Ⅳ
建筑物类别	特重要或对防水有特殊要求的建筑	重要建筑和高层建筑	一般性建筑	非永久性建筑
使用年限	25年	15年	10年	5年
防水层选用材料	宜选用高档防水卷材、金属板材、合成高分子涂料、细石混凝土等材料	宜选用高档防水卷材、金属板材、合成高分子涂料、细石混凝土、平瓦、油毡瓦等材料	可选用三毡四油沥青等普通防水卷材、合成高分子涂料、细石混凝土、平瓦等材料	可选用二毡三油沥青防水卷材、高聚物改性沥青防水涂料等材料
设防要求	三道或三道以上防水设防	二道防水设防	一道防水设防	一道防水设防

二、防水屋面类型

屋面防水工程主要有卷材防水屋面、涂膜防水屋面和刚性防水屋面三种。屋面防水层的选择和设计主要取决房屋的用途、建筑结构的特点、气候条件、地震烈度及材料供应情况等。

第二节 卷材防水屋面

一、卷材防水屋面构造

卷材防水屋面属于柔性防水屋面，它具有重量较轻、防水性能较好、柔韧性良好等优点，能适应一定程度的结构振动和胀缩变形。但易老化、起鼓、耐久性差，施工工序多，生产效率低，维修工作量大，价格比较高，产生渗漏难查找原因。

卷材防水屋面一般由结构层、隔气层、保温层、找平层、防水层和保护层组成，其中隔气层和保温层在一定的气温和使用条件下可以不设。卷材防水屋面的典型构造层次如图7-1所示。

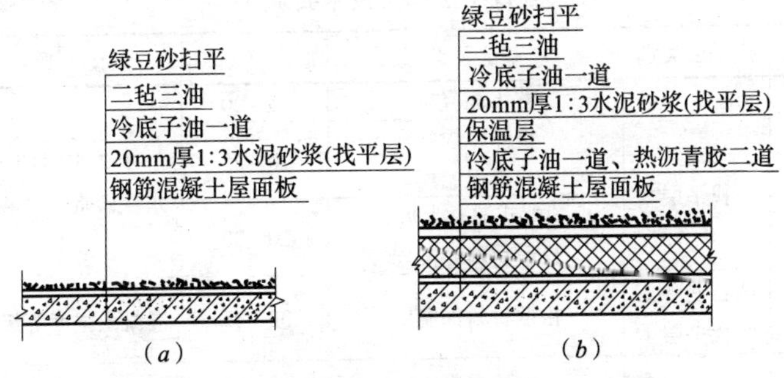

图7-1 卷材防水屋面的典型构造层次示意

(*a*) 不保温卷材屋面；(*b*) 保温卷材屋面

二、卷材防水屋面施工

1. 对结构层的要求

卷材防水屋面结构层一般采用钢筋混凝土结构，根据其制作方法不同，分为预制钢筋混凝土板和整体现浇混凝土板。对预制钢筋混凝土板，要求板安置平整、稳固，板缝应用细石混凝土嵌填密实，较宽的板缝应在板下设吊模板补放钢筋后，再浇筑细石混凝土。对于现浇钢筋混凝土屋面板，应当连续浇筑，不宜留施工缝，振捣密实，表面平整，并符合规定的排水坡度。

2. 找平层的施工

找平层是基层或保温层上表面的构造层，其作用是保证卷材铺贴平整、粘结牢固，并且有一定的强度。找平层一般采用1∶3水泥砂浆、细石混凝土或1∶8沥青砂浆。农村建筑多采用水泥砂浆找平层，其表面应平整、粗糙，按设计要求留置坡度，屋面转角处应设半径不小于100mm的圆角或斜边长100～150mm的钝角垫坡。

水泥砂浆找平层的铺设应由远而近、由高到低进行；每分格内应一次连续铺成，用2m长的木条找平；待砂浆稍收水后，用抹子压实抹平，并注意加强养护和防止踩踏。

找平层厚度技术要求见表7-2，找平层施工质量要求见表7-3。

找平层厚度技术要求　　**表7-2**

项次	找平层类别	基层种类	厚度（mm）	技术要求
1	水泥砂浆找平层	整体混凝土	15～20	1∶2.5～1∶3.0水泥砂浆（体积比）
		整体或板状材料保温层	20～25	
		装配式混凝土板、松散材料保温层	20～30	
2	细石混凝土找平层	松散材料保温层	30～35	混凝土强度等级C15
3	沥青砂浆找平层	整体混凝土	15～20	沥青∶砂的重量比为1∶8
		装配式混凝土板、整体或块状材料保温层	20～25	

找平层施工质量要求 **表 7-3**

项次	项目	施工质量要求
1	材料	水泥砂浆、细石混凝土或沥青砂浆，其材料质量、配合比等必须符合设计要求
2	平整度	找平层应粘结牢固，没有松动、起壳和翻砂等现象。表面平整，用2m长的直尺进行检查，找平层与直尺间的空隙不应超过5mm，空隙仅允许平缓变化，每米长度内不得多于一处
3	坡度	找平层的坡度应符合设计要求，一般纵向坡度不小于1%；内部排水的水落口周围应做成半径0.5m和坡度不宜小于5%的环形洼坑
4	转角	两个面的相接处，如女儿墙、檐口等，均应做成半径不小于100~150mm的圆弧或斜边长度为100~150mm的钝角垫坡
5	分格	分格缝应留设在预制板支承边的拼缝处，缝宽为20mm，其纵横向最大间距分别为：水泥砂浆找平层6m；沥青砂浆找平层4m。当分格缝兼作排气屋面的排气道时，可适当加宽，并应与保温层连通。分格缝应附加200~300mm宽的卷材，用沥青胶结材料单边点贴覆盖
6	水落口	内部排水的水落口应牢固固定在承重结构上，所有零件上的铁锈均应预先清除干净，并涂上防锈漆。水落口与竖直承口的连接处，应用沥青油膏填塞

3. 隔气层的施工

隔气层的作用是防止来自下面的蒸汽上渗，而使保温层保持干燥状态。隔气层可采用气密性好的卷材或防水涂料，一般有两种做法：一种是涂一层沥青胶，另一种是铺一毡二油。

隔气层必须是整体连续的。在屋面与垂直面衔接的地方，隔气层还应延伸到保温层顶部并高出150mm，以便与防水层相接。采用油毡隔气层时，油毡的搭接宽度不得小于70mm。

4. 保温层的施工

屋面设置保温层，可以起到冬期保温、夏季隔热的作用，使房屋冬暖夏凉。保温层根据所使用的材料，可分为松散材料保温层、板状材料保温层和整体保温层三种。

（1）松散材料保温层

在农村常用的松散保温材料有炉渣、膨胀珍珠岩、蛭石等，因炉渣价格低廉得到了较广泛的使用。施工时，松散保温材料应分层铺设，每层虚铺厚度不宜大于150mm，边铺设边进行适当压实，使其表面平整。压实后不得直接在保温层上行车或堆放重物。保温层施工完成后，应立即进行找平层的施工。在铺抹找平层时，可在松散保温层上铺一层塑料薄膜等隔水物，以阻止找平层砂浆中的水分被保温材料所吸收。

（2）板状保温层

板状保温材料品种规格很多，可根据保温要求和经济条件加以选择。板状保温材料的外形应整齐。其厚度允许偏差为±5%，且不大于4mm，其表观密度、导热系数及抗压强度等，也应符合规范规定的质量要求。板状保温材料可以干铺，应紧靠基层表面，要铺平、垫稳，接缝处应用同类材料的碎屑填嵌饱满；也可以用胶黏剂进行粘贴。

（3）整体保温层

目前常用的有水泥膨胀珍珠岩、水泥膨胀蛭石、沥青膨胀珍珠岩及沥青膨胀蛭石，分别选用不低于32.5MPa水泥和10号建筑石油沥青作为胶结料。因水泥膨胀珍珠岩、水泥膨胀蛭石施工方便，采用较多。

水泥膨胀珍珠岩、水泥膨胀蛭石，为避免产生颗粒破碎，宜采用人工搅拌，并应拌和均匀，随拌随铺，虚铺厚度不宜大于150mm，铺后拍实抹平至设计厚度，压实抹平后应立即抹找平层。

农村也有将炉渣加适量白灰或水泥做成整体性保温材料，价格低廉，效果也不错。

由于膨胀珍珠岩、蛭石性能不稳定，影响保温效果，在有些地方城市建筑中已禁止做屋面保温材料。

5. 防水层的施工

(1) 卷材铺贴的一般要求

1）铺贴房屋卷材防水层时，应先铺排水比较集中的落水口、檐口等部位及卷材附加层，按标高由低到高向上施工；坡面和立面的油毡，应由下开始向上铺贴，便于油毡按流水方向搭接。

2）油毡铺贴的方向应根据屋面坡度确定。当坡度小于3%时，油毡宜平行屋脊方向铺贴；当坡度在3%~5%时，油毡可平行或垂直屋脊方向铺贴；当坡度大于15%时，油毡应垂直屋脊铺贴。卷材防水屋面坡度不宜超过25%。

3）油毡平行屋脊铺贴时，长边的搭接不小于70mm；短边搭接平屋顶不应小于100mm，坡屋顶不宜小于150mm。当第一层油毡采用条贴、点粘或空铺时，长边搭接不应小于100mm，短边不应小于150mm。

4）上下两层油毡不宜相互垂直铺贴；垂直于屋脊的搭接缝应顺主导风向搭接；接头顺水流方向，铺过屋脊的长度应不小于200mm。

5）油毡铺贴前，找平层应当干燥。一般现场找平层干燥程度的简易检验方法是：将1m^{2}卷材平坦地干铺在找平层上，静止3~4h后掀开卷材，检查找平层覆盖部位与卷材上有无水印，如果未见水印即可铺设隔气层或防水层。

(2) 油毡热铺贴施工工艺

油毡热铺贴施工分为满贴法、条粘法、空铺法和点粘法四种。

1）满贴法

满贴法是将油毡下满涂玛蹄脂，使油毡与基层全部粘结在一起。满贴法的铺贴工序为：浇油→铺贴→收边→滚压等。

① 浇油。浇油有两种方法：一种方法是用带嘴油壶将玛蹄脂来回在油毡前浇油，其宽度比油毡少10~20mm，浇油速度不宜太快，浇油量以油毡铺贴后，中间满着玛蹄脂，两边有少量挤

出，其厚度控制在1～1.5mm为宜；另一种方法是用长柄棕刷将玛蹄脂均匀涂刷，宽度可比油毡稍宽，不宜在同一处反复多次涂刷，以免玛蹄脂冷却而影响粘结质量。

② 铺贴。铺贴时将油毡一端压紧，均匀地用力将油毡向前推滚，使油毡与下层紧密粘结，避免铺贴中出现扭曲和有未粘结之处。

③ 收边滚压。在推滚铺贴油毡时，操作的其他人员应将油毡边挤出的玛蹄脂及时刮去，并将油毡边压紧粘牢、刮平和赶出气泡。如果出现粘结不良处，可用小刀将油毡划破，再用玛蹄脂灌入、贴紧、封死、赶平、压实，最后在划破处加贴一块油毡将缝盖住。

2）条粘、点粘和空铺法

在铺贴油毡时，如保温层和找平层干燥有困难，需在潮湿的基层上铺贴第一层油毡时，可采用条粘法、空铺法、点粘法。因不满涂、满浇玛蹄脂，使第一层油毡与基层之间有若干互相连通的空隙，在屋脊或屋面上设置排气槽、出气孔，互相连通构成“排气屋面”，便于排出水汽，避免油毡起鼓，也可节省玛蹄脂。

条粘法是采用蛇形和条形涂撒的做法，卷材与基层粘结面不少于两条，每条宽度不少于150mm。采用条粘法铺贴油毡时，操作一定要细致，搭接处的油毡边必须粘住。油毡不宜过紧过松，否则容易产生开裂或折皱。屋面四周、檐口、屋脊和屋面转角处及突出屋面的连接处，至少有800mm宽的油毡满涂玛蹄脂进行实铺，同时在基层上涂刷冷底子油。

点粘法是指铺贴防水卷材时，卷材或打孔卷材与基层采用点状粘结的施工方法，每$1m^2$粘结不少于5个点，每点的面积为100mm×100mm。空铺法是指铺贴防水卷材时，卷材与基层仅四周有一定宽度的粘结，其余部分不粘结的施工方法。

应当注意，第二层及以上油毡均要求实铺，即满贴法施工。

（3）油毡冷粘法施工工艺

油毡冷粘法施工具有劳动条件好、施工效率高、工期比较短、节省能源等优点，并可以避免热作业熬制沥青玛蹄脂所造成的环境污染，因此，这是卷材防水屋面施工的发展方向。

冷玛蹄脂粘贴油毡施工方法和要求，与热玛蹄脂粘贴油毡基本相同，可按照上述进行施工。两者不同之处在于：冷玛蹄脂使用时应充分搅拌均匀，当稠度过大时，可加入少量溶剂稀释并拌匀；在涂布冷玛蹄脂时，每层玛蹄脂的厚度应控制在0.5~1.0mm，面层玛蹄脂的厚度宜为1.0~1.5mm。

（4）高聚物改性沥青卷材热熔法施工

高聚物改性沥青热熔卷材是在工厂生产过程中，将卷材底面涂一层软化点较高的改性沥青热熔胶的卷材。在卷材铺贴时不需要涂刷胶粘剂，而采用火焰烘烤热熔胶后直接与基层粘结。这种方法施工时受气候影响小，对基层表面干燥程度要求宽松，但烘烤时对火候的掌握要求适度。施工的方法有滚铺法和展铺法两种。

1）滚铺法

滚铺法是一种不展开卷材而边加热烘烤、边滚动铺贴的施工方法，铺贴质量如何关键是在于正确掌握起始端的铺贴和滚铺的方法。

① 起始端铺贴。将卷材置于起始铺贴的位置，对好长、短方向的搭接缝，滚展卷材1000mm左右并掀开，用火焰同时加热卷材底面、热熔胶面和基层，直至热熔胶层出现黑色光泽，发亮至稍有微泡出现，慢慢放下卷材平铺于基层之上，然后进行排气滚压，使卷材与基层粘结牢固。当铺贴至剩余300mm左右长度，将其翻放在隔热板上，用火焰加热起始端贴于基层后，再加热剩余端贴于基层。

② 滚铺的方法。卷材两端加热铺贴完成后，即可进行大面积滚铺。持火焰枪的人位于卷材滚铺的前方，按上述方法同时加热卷材和基层，条粘时只需加热两边，加热宽度各为150mm左右。推滚卷材者蹲在已铺好的卷材起始端处，等卷材充分加热后缓缓推压卷材，并随时注意卷材的平整顺直和搭接宽度。其后紧

跟一人用滚子从中间向两边抹压卷材、赶出气泡，并用刮刀将溢出的热熔胶刮压接边缝；再让一人用压辊压实卷材，使其与基层粘结牢固。

2）展铺法

展铺法是将卷材平铺于基层之上，再沿边掀起卷材予以加热粘贴，这种方法主要适用于条粘法铺贴卷材。

先将卷材展铺在基层上，对好搭接缝，按滚铺法先铺贴好起始端。拉直整幅卷材，使其平坦地与基层相贴，然后对末端进行临时固定。由起始端开始熔贴卷材，掀起卷材边缘约200mm高，将火焰喷枪头伸入侧边卷材下，同时加热卷材边宽约200mm的底面、热熔胶和基层，边加热边铺贴。铺贴至距末端1000mm左右。撤去临时固定按滚铺法铺贴末端卷材。

在进行热熔粘接缝之前，应先将下层卷材表面的隔离纸烧掉，以利于搭接牢固严密。所有搭接缝应用密封材料封严，涂封的宽度不应小于10mm。在复杂部位附加增强层时，在基层上应涂刷一遍密封材料，以便于粘贴。

（5）合成高分子防水卷材施工

合成高分子防水卷材，可采用冷粘法、自粘法、热风焊接法施工。自粘法卷材施工方法是施工时只要剥去隔离纸后，即可直接进行铺贴；卷材带有防粘层时，在粘贴搭接缝前应将防粘层先溶化掉，方可达到粘结牢固。

6. 保护层施工

卷材铺贴完毕，经检查验收合格后，应立即进行保护层的施工，以便及时保护防水层免受损伤。卷材防水屋面的保护层主要有绿豆砂保护层、预制板块保护层等。

（1）绿豆砂保护层

绿豆砂材料价格低廉，对沥青卷材有一定的保护和降低热辐射的作用，在非上人沥青卷材防水屋面中广泛应用。

在施工时，应选用色浅、耐风化、清浩、干燥，粒径为3~5mm的绿豆砂，在锅内或钢板上预先加热至130℃左右，然后均匀撒铺在涂刷过 2 ~ 3mm 厚的沥青胶结材料的油毡防水层上，用软辊轻轻滚压一遍，使绿豆砂粒一半嵌入沥青中，未粘结的砂粒应随时清扫干净。

由于绿豆砂颗粒较小，在大雨时容易被水冲刷掉，同时还易堵塞水落口，因此，在降雨量较大的地区，宜采用粒径为 6 ~ 10mm的小石子，其保护效果更好。

（2）预制板块保护层

预制板块保护层是施工速度快、保护效果好、维修很方便的一种保护层，这种保护层的结合层可以采用砂或水泥砂浆。板块铺砌之前，应根据排水坡度要求挂线，以满足排水的要求，保护层铺砌的块体应横平竖直、整齐美观、安放平稳。

第三节　涂膜防水屋面

一、涂膜防水屋面构造

防水涂料屋面是在屋面基层上涂刷防水涂料，经固化后形成一定厚度的弹性整体涂膜层，从而达到防水目的的一种柔性防水屋面形式。涂料按其稠度不同，有厚质涂料和薄质涂料；施工中按是否加胎体增强材料，可分为加胎体增强材料和不加胎体增强材料。涂膜防水屋面构造如图 7-2 所示。

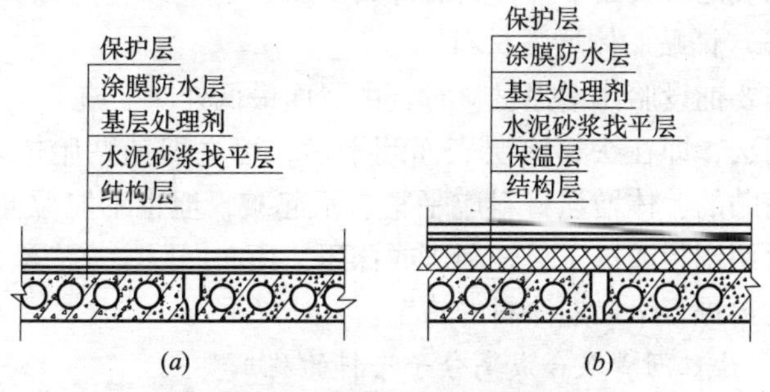

图 7-2　涂膜防水屋面构造

（*a*）无保温涂膜防水屋面；（*b*）保温涂膜防水屋面

二、涂膜防水屋面施工

1．涂膜防水施工的一般方法

涂膜防水屋面施工的一般工艺为：基层表面清理→喷涂基层处理剂（底涂料）→特殊部位附加增强处理→涂布防水涂料及铺贴胎体增强材料→清理与检查修理→保护层施工。

涂膜防水的施工顺序应先高后低、先远后近；先涂布排水较集中的水落口、檐口等部位，后再进行大面积涂布。

2．沥青基涂料施工要点

在沥青基涂料的施工过程中，关键是掌握好涂刷基层处理剂、涂布防水涂料和铺贴胎体增强材料三大施工工艺。

（1）涂刷基层处理剂

基层处理剂一般采用冷底子油，在涂刷基层处理剂时，应做到品种适宜、均匀一致、覆盖完全。当采用石灰乳化沥青防水涂料时，夏季可采用石灰乳化沥青稀释后作为冷底子油涂刷一道，春秋季宜采用汽油沥青冷底子油涂刷一道。当采用膨润土、石棉乳化沥青防水涂料时，可不涂刷基层处理剂。

（2）涂布防水涂料

涂布防水涂料时，一般先将防水涂料直接分散倒在屋面基层上，用胶皮刮板来回刮涂，使涂料达到厚薄均匀一致，不露底、不存在气泡、表面平整，然后待其干燥。

（3）铺贴胎体增强材料

需要铺设胎体增强材料时，由屋面最低处向上施工。一般采用湿铺法，即在头遍涂层表面刮平后，可立即铺贴胎体增强材料，铺贴的胎体增强材料应平整、不起皱，但也不能拉伸过紧。铺贴后用刮板或抹子轻轻刮压或抹压，使布网眼中充满涂料，待干燥后再进行第二遍涂料的施工。

3．改性沥青及合成高分子涂料的施工要点

高聚物改性沥青防水涂料和合成高分子防水涂料，在用于涂膜防水屋面时，其设计涂膜总厚度在3mm以下，所以称为薄质涂料，两者施工方法基本相同。

(1) 涂刷基层处理剂

高聚物改性沥青防水涂料和合成高分子防水涂料防水层的基层处理剂，有水乳型防水涂料、溶剂型防水涂料和沥青溶液三种。

1) 水乳型防水涂料

水乳型防水涂料可用掺0.2%~0.5%乳化剂的水溶液或软化水将涂料稀释，其用量比例一般为：防水涂料：乳化剂水溶液（或软水）=1:(0.5~1.0)。

2) 溶剂型防水涂料

由于溶剂型防水涂料的渗透能力比水乳型防水涂料的强，所以溶剂型防水涂料可在基层上进行薄涂处理。

3) 沥青溶液

沥青溶液（即冷底子油）可用于高聚物改性沥青防水涂料作为基层处理剂，或在现场以煤油:30号石油沥青=60:40的比例配制而成的溶液作为基层的处理剂。

基层处理剂涂刷时，应用刷子用力薄涂，使处理剂尽量刷进基层表面的毛细孔中，并将基层上未清除干净的少量灰尘，像填充料一样混入处理剂中，这样不会影响涂层与基层的牢固粘结。

(2) 涂刷防水涂料

涂刷防水涂料的方法有人工涂布和机械喷涂两类。人工涂布可用棕刷、长柄刷、胶皮板、圆滚刷等工具进行。

用刷子涂刷防水涂料时，一般可采用蘸刷法，也可采用倒料涂刷法。涂布时应先涂立面，后涂平面。立面最好采用蘸刷法，涂刷应均匀一致。平面可采用倒料涂刷法，但要注意控制涂料均匀倒洒，不可倒得过多，否则涂料难以涂刷均匀，会造成厚薄不同。

涂刷和喷涂必须按试验确定的遍数进行，切不可为省事、省力和省料随意减少，也不可一遍涂刷过厚。前一遍涂层干燥后，应将涂层上的灰尘、杂质清理干净后，再进行后一遍涂层的涂刷。

（3）铺胎体增强材料

在涂刷第二遍涂料时，或在涂刷第三遍涂料前，即可加铺胎体增强材料。由于涂料与基层粘结力较强，涂层厚度较薄，胎体增强材料不容易出现滑移，因此，胎体增强材料应尽量顺屋脊方向铺贴，以方便施工、提高劳动效率。

4．涂膜保护层的施工要点

（1）采用细砂等粒料作为涂膜保护层时，应在刮涂最后一道涂料时，边涂边撒布粒料，使细砂等粒料与防水层粘结牢固。在撒布粒料时，要做到均匀、不露底、不堆积。

（2）在水乳型防水涂料防水层上用细砂等粒料作为保护层时，撒布后应立即进行辊压。因为在水乳型防水涂膜上撒布不同于在溶剂型防水涂膜上撒布，粒料与涂膜的粘结性较差，所以应当通过辊压使粒料与涂膜牢固粘结。

（3）采用浅色涂料作为涂膜保护层时，应在涂膜固化后才能进行保护层涂刷。这样才使得保护层与防水层粘结牢固，又不至于防水层与保护层涂料的颜色混杂，充分发挥保护层对防水层的保护和装饰作用。

（4）保护层材料的选择，应根据设计要求及所用防水涂料的特性而确定。一般薄质涂料可用浅色涂料或粒料作为保护层，厚质涂料可用粉料或粒料作为保护层。

5．涂膜防水施工注意事项

（1）涂膜防水层严禁在雨天、雪天施工；五级风及五级风以上的天气不得施工；预计涂膜在固化前下雨时不得施工。在施工中如果遇到雨雪，应采取遮盖措施加以保护。

（2）沥青基防水涂膜在气温低于5℃或高于35℃时不宜施工；高聚物改性沥青防水涂膜和合成高分子防水涂膜，当为溶剂型时，施工的环境温度宜为－5～35℃；当为溶剂型时，施工的环境温度宜为5～35℃。

(3) 涂膜防水层的基层应符合规范规定的要求，对由于强度不足引起的裂缝，应进行认真修补，凹凸处也应修理平整。基层的干燥程度应符合所用防水涂料的要求。

(4) 防水涂料配料时应计量准确，搅拌要充分、均匀。尤其是双组分防水涂料在配制中更要精心，而且不同组分的容器、搅拌棒、料勺等用具不得混用，以免产生凝胶。

(5) 防水层的节点密封处理、附加胎体增强层的施工要满足设计要求。

(6) 胎体增强材料的铺设时机、位置要加以控制；铺设时要做到平整、无皱折、无翘边，搭接准确；胎体增强材料上面涂刷涂料时，应使涂料充分浸入胎体内，并要覆盖完全，不得有胎体外露现象。

(7) 严格控制防水涂膜层的厚度和分层（遍）涂刷厚度及间隔时间。涂刷应厚薄均匀、表面平整。

(8) 防水涂膜施工完成后，应有充足的自然养护时间，一般不少于7d，在养护期间要做好保护工作，不得上人行走或在其上进行其他操作。

第四节　刚性防水屋面

刚性防水屋面是指用细石混凝土、块体材料等作屋面防水层，依靠混凝土等材料密实并采取一定的构造措施，以达到防水的目的。

刚性防水屋面与卷材防水屋面和涂膜防水屋面相比，这种防水屋面具有价格便宜、材料易得、耐久性好、维修方便、承重性好等优点。但是，刚性防水屋面易产生裂缝变形。因此，刚性防水屋面主要适用于防水等级为Ⅲ级的屋面防水。

当采用细石混凝土刚性防水层时，在防水层与基层之间应设置隔离层。

一、细石混凝土防水层施工工艺

1. 细石混凝土对原材料的要求及配合比

(1) 对原材料的要求

1) 水泥宜采用普通硅酸盐水泥，尽量不采用矿渣水泥和火山灰质水泥。

2) 石子最大粒径不宜超过15mm，含泥量不应大于1%。

3) 砂子应采用中砂或粗砂，含泥量不应大于2%。

4) 拌和水应采用不含有害物质的洁净水，如自来水和饮用水等。

5) 细石混凝土防水层内配置的钢筋，宜采用冷拔低碳钢丝。一般采用ϕ4乙级冷拔低碳钢丝。

6) 外加剂一般有膨胀剂、减水剂、防水剂等。在混凝土掺加一定量的外加剂，不仅可以提高混凝土拌和物和易性，有利于施工操作，而且还可以增加混凝土的密实度，提高混凝土的抗渗性能。使用时应根据施工条件、技术要求等因素，选择适宜不同品种的外加剂及掺量。

(2) 细石混凝土防水层的配合比

1) 水灰比最大不应大于0.55。

2) 水泥用量一般不应小于330kg/m^3。

3) 含砂率宜为35%~40%。

4) 灰砂比宜为1:2.0~1:2.5。

2. 基层处理和板缝处理

(1) 基层处理

基层表面应平整、光洁、清扫干净，排水坡度应符合设计要求，一般应为2%~3%。

(2) 板缝处理

当屋面为预制混凝土屋板时，要求预制板安装时应坐浆饱满，安装平稳，端缝对齐，板缝宽度均匀，宽度不应大于40mm，也不应小于20mm，相邻板面的高差不得大于5mm。以便于对板缝进行处理。

浇灌板缝细石混凝土前，应首先将板缝清理干净，并浇水充分湿润，然后随即用强度等级不小于 C20 的细石混凝土灌缝，并插捣密实。灌缝所用的细石混凝土，应掺加适量的微膨胀剂，以保证灌缝的混凝土与缝壁连接紧密，提高结构层的整体刚度和抗渗性能。当板缝宽度大于 40mm 时，板缝内应设置构造钢筋，以增大其刚度。

3. 隔离层的施工

在防水层与基层之间设置隔离层，使两层之间不粘结，防水层可以自由伸缩，可大大减少屋面的裂缝变形。

隔离层在找平层养护 1 ~ 2d 后，待能上人操作时即可施工。隔离层可采用纸筋灰、麻刀灰、干铺卷材、聚酯毡、砂垫层、黏土砂浆、白灰砂浆等。

（1）纸筋灰或麻刀灰隔离层

纸筋灰或麻刀灰应在防水层施工前 1 ~ 2d 施工，厚度一般为 2 ~ 3mm，要求将纸筋灰或麻刀灰均匀地抹在找平层上，并要抹平压光。纸筋灰或麻刀灰抹完后，待其基本干燥时，即可进行防水层施工，以免隔离层遇雨被水冲刷。

（2）砂垫层隔离层

砂垫层隔离层，即在基层上满铺一层厚度为 10mm 的细砂，将其铺开刮平，滚压密实，然后在上面平铺一层卷材或铺抹纸筋灰、1∶4 石灰砂浆等。灰浆厚度一般为 10 ~ 20mm，上灰时应用铁锹轻轻铲放，铺时平压平抹，不得横推砂垫层，以免使砂子堆积成堆。施工时一般采用退铺法，即铺摊一段细砂，立即铺抹灰浆。如果施工气温高，表面干燥过快，收缩裂缝过大时，应及时洒水再次抹压。

（3）干铺油毡或聚酯毡

在找平层上直接干铺一层卷材或聚酯毡作为隔离层，铺贴卷材、聚酯毡分别用沥青和防水胶粘结，表面涂刷二道石灰水和一道掺加 10% 水泥的石灰浆。如果不涂刷这层隔离浆，卷材在夏季高温下易发生软化，使沥青浸入防水层底面而粘牢，起不到完全隔离的效果。隔离层干燥并具有一定强度后，才可进行细石混凝土的施工；否则，浇筑细石混凝土时，石子易嵌入隔离层或穿透隔离层而失去隔离效果。

（4）粘土砂浆和白灰砂浆隔离层

粘土砂浆和白灰砂浆粘结强度很低，故能起到隔离的作用；这种材料本身又具有一定的强度，所以也便于在其上浇筑细石混凝土。作为隔离层的黏土砂浆和白灰砂浆，其配合比分别为：石灰膏：砂：黏土 =1∶2.4∶3.6，石灰膏：砂 =1∶4。铺设时，先将基层洒水湿润，但表面不得积水，然后铺抹一层厚为10～20mm的黏土或白灰砂浆，抹平压光并进行养护。等黏土砂浆或白灰砂浆基本干燥（手压无痕）后，方可进行下道工序的施工。

4．分格缝的设置

采用细石混凝土防水层，必须设置一定数量的分格缝，以避免防水层板面产生裂缝。

细石混凝土防水层的分格缝，一般应设置在屋面板的支撑端、屋面转折处、屋面与突出屋面结构的交接处，并应与屋面结构层的板缝对齐。考虑到我国工业建筑柱网以6m为模数，民用建筑的开间大多数也不小于6m，分格缝的间距以6m左右为宜。分格缝的缝宽宜为20～40mm，缝中应嵌填背衬材料，缝内应嵌填密封材料，上面用卷材作保护层，以柔性材料适应变形，以刚柔结合达到减少裂缝和增强防水的目的。

为使分格缝位置准确，必须在做好的隔离层上准确定出分格缝的位置。在支设分格缝模板时，应制成上宽下窄（上口25mm、下口20mm）的形状，事先用水浸透，并涂刷隔离剂，然后用水泥砂浆固定在隔离层上。安装防水层模板时，应抄平或拉通线标出防水层厚度和排水坡度。

5．物资准备

物资准备包括：现场材料准备、施工设备准备、钢筋网片设置和细石混凝土制备等。

(1) 施工现场的材料准备

施工现场的材料准备主要包括：冷拔低碳钢丝已准备齐全，并已经过调直、下料、除锈、弯曲成型处理；混凝土所用的材料，能满足屋面混凝土防水层一次连续浇筑完毕；嵌填分格缝的材料等。

(2) 施工设备的准备

施工设备准备主要包括混凝土搅拌机和平板振捣器等。

(3) 钢筋网片的制作和安装

钢筋网片一般采用直径4~6mm、间距100~200mm双向冷拔低碳钢丝绑扎或点焊成型。其安放位置以居中偏上为宜，但保护层不应小于10mm。施工中应当保护好已绑扎好的钢筋网片，严禁踩踏钢筋网片。网片大小以分隔缝为依据，可现场满铺钢筋成型。

6. 防水层施工

(1) 混凝土配制

混凝土的水灰比不应大于0.55，水泥用量不应少于330kg/m^3，含砂率宜为35%~40%，灰砂比宜为1:2~1:2.5。混凝土强度等级不宜低于C25。

(2) 混凝土浇筑

屋面上用手推车水平运输混凝土，切不可直接在已绑扎好的钢筋网片上行走，必须架设专门通道，以免使钢筋位移和变形。浇筑混凝土时不得直接向钢筋网片上直接倾倒。

细石混凝土的浇筑顺序，应从高处向低处进行，一个分格的混凝土必须一次浇筑完，不允许留施工缝。在常温情况下，混凝土从搅拌出料至浇筑完成的间隔时间，不宜超过2h。

(3) 混凝土振捣

刚性防水层的厚度较薄，应尽可能采用平板式振捣器振捣，振摇至表面出现浆液为准。在分格缝处，宜两边同时铺有厚度基本相同的混凝土再振捣，以避免模板产生位移。

(4) 表面处理

待混凝土振捣泛浆后，应立即用2m刮尺将表面刮平，然后用铁抹子抹平压实，使其表面平整。抹压时，如提浆有困难，说明水泥用量过少或搅拌不均匀、振捣不充分，应及时调整配合比或检查施工方法。但严禁在表面任意洒水、加铺水泥砂浆或撒干水泥进行压光。

当混凝土初凝后，应及时取出分格缝的模板，并及时修补好分格缝的缺损部分，使之完整、平直、光滑，此时面层应用铁抹子进行第二次压光。必要时，待混凝土终凝前还应进行第三次压光。压光时应依次进行，不得留下压抹的明显痕迹。

(5) 混凝土养护

细石混凝土浇筑12~24h后应立即进行养护，在常温下养护时间不得少于14d。

细石混凝土的养护方法，可采取淋水、覆盖砂、锯末、草帘、涂刷养护剂，也可覆盖塑料薄膜等，使防水层保持在一定温度和湿润状态下。在施工条件允许时，最好采用灌入40~50mm深的水进行养护。在混凝土养护的初期，由于其强度较低，所以应严禁上人踩踏，避免防水层受到破坏。待防水层混凝土养护达到龄期后，即可进行嵌填分格缝的密封材料等后续工作。

二、块体刚性防水层施工

由于块体刚性防水层是用普通黏土砖或黏土薄砖（斗底砖）在屋面找平层上座浆铺砌的，因此对结构变形的敏感性较大，故结构层最好采用现浇钢筋混凝土板，若屋面采用预制板时，应特别注意板铺设平整、稳固，板缝用C20干硬性细石混凝土认真嵌填密实。找平层应充分压实并养护，使其具有较高强度，从而达到提高整个屋面结构整体性的目的，以保证块体刚性防水层的施工质量。

1. 对块体刚性防水层材料的要求

施工块体刚性防水层所需的主要材料有普通黏土砖（或黏

土薄砖）、水泥砂浆等。为保证块体刚性防水层的质量，对其所用材料有以下质量要求：

（1）采用的普通黏土砖的强度等级应为MU7.5以上，使用前应浇水湿润或提前一天浸水5min后取出晾干。在铺砌施工中，一律选用整砖，不得用碎砖拼铺。

（2）水泥宜采用强度等级不低于32.5MPa的普通水泥。

（3）砂宜采用中砂或粗砂，质地坚硬且洁净。

块体刚性防水层所用水泥砂浆分为底层防水砂浆和面层防水砂浆，配合比参见表7-4。

水泥砂浆配合比 **表7-4**

砂浆名称	灰砂比	水泥强度等级（MPa）	防水剂掺量（水泥的%）	砂浆厚度（mm）
底层砂浆	1:3	42.5	3~5	25
面层砂浆	1:2	42.5	3~5	12

2. 普通黏土砖防水层屋面的施工

（1）铺砌砖块

在铺砌前应在结构层上按屋面设计坡度做好找坡找平层，并浇水进行湿润，但表面不得留有积水。铺砌砖块时，应先作出标准点，然后挂线用挤浆法铺砌。铺设形式宜为直行平砌，长边宜顺流水方向。砖四周缝宽为12~15mm，缝内挤浆高度应为砖厚的1/2~2/3。

结合层砂浆一般用1:3的水泥砂浆，其厚度不小于20~25mm。砖块体应随铺浆随铺设，避免砂浆粘结不实。在砌第二排砖时，要与第一排错缝1/2砖。砖块体铺设应连续进行，一般不宜间断；若必须间断时，应将接缝处块体侧面的残浆清除干净。

当砖块体铺设完毕后，在底层砂浆未达到终凝前，严禁上人踩踏和在其上进行其他作业，以免损坏已铺设好的防水层。

(2) 抹水泥砂浆面层

抹水泥砂浆在常温施工条件下，待铺完砖块体24h后，就可以铺抹面层防水水泥砂浆。在铺抹面层砂浆前，先将铺好的块材表面喷水进行湿润，再用水泥砂浆填满缝隙，然后用配合比为1:2的水泥砂浆（掺加一定量的防水剂）进行铺抹。面层的厚度一般不小于12mm。

在铺抹水泥砂浆面层时，先用刮尺基本刮平，再用木抹子拍实搓平，并用铁抹子紧跟压第一遍。当水泥砂浆开始初凝时，即可开始用铁抹子压第二遍，抹压时应压实、压光、不漏压，并要消除表面的气泡和砂眼。在水泥砂浆终凝前，再用铁抹子压第三遍，这遍抹压用力要更大一些，把第二遍抹压留下的抹纹、毛细孔压平、压光。

在水泥砂浆抹面时，如遇表面水分过多，千万不可撒干水泥压光，应撒上配合比相同的干砂浆抹压。

(3) 面层养护

当面层抹压第三遍后，在12~24h后即可进行浇水或覆盖砂、锯末、草帘等养护，有条件时采取蓄水养护，养护时间不少于7d。

3. 黏土薄砖防水层屋面的施工

在黏土薄砖防水层铺设前，应做好试摆砖位、找平层的洒水湿润的准备工作。铺砌砂浆采用M2.5的混合砂浆，砂浆要充分搅拌均匀一致，石灰膏要充分熟化不含有颗粒。铺砌时，先将混合砂浆用刮刀平铺摊开、拍实，然后将粘土薄砖贴于其上。铺砖速度要快，不得间隔时间太长，否则会因砂浆干涩而影响粘结。

为保证施工质量，铺砖应挂线，使砖铺贴平整顺直，相邻两砖应错缝1/2砖，砖四周留出宽为10~15mm缝隙。铺贴时应用手锤轻轻敲击，为防止空鼓和粘结不实，相邻两块砖的高差不得超过2mm。铺砖可顺流水方向划分施工段，但在同一流水坡面上要一次完成。

黏土薄砖铺贴24h后，即可以上人操作时，便可进行填缝、勾缝工作。勾缝前砖缝要洒水湿润，勾缝用稠度为8～12cm、配合比为1∶1∶3的混合砂浆，先将砂浆填入缝内，然后将缝的表面压平压光，并将多余灰浆清扫干净，及时做好养护工作。

第八章 装饰及楼地面工程施工

第一节 抹灰施工

抹灰工程，是装饰工程的基础工序，许多的建筑墙面、柱面和顶棚面的涂料、裱糊、镶贴罩面板等饰面装修，都是以抹灰面作为基层的。它不仅能起到找平基层的作用，还可以通过基层抹灰的防腐、防潮处理起到相应的功能性作用。

一、常见抹灰做法

常见抹灰做法见表 8-1。

常见抹灰做法 **表 8-1**

名称	适用范围	分层做法	厚度（mm）	施工要点
混合砂浆抹灰	砖墙基层	1:1:3:5（水泥:石灰膏:砂子:木屑）分两遍成活，木抹搓平	15～18	适用于有吸声要求的房间
	油漆墙面抹灰	1:0.3:3 混合砂浆打底 1:0.3:3 混合砂浆罩面	13 5～8	
水泥砂浆抹灰	砖墙、混凝土基层	1:3 水泥砂浆打底 1:2.5 水泥砂浆罩面	13 5～8	底子灰分二遍，头遍要压实，表面扫毛，待5～6成干时抹第二遍
纸筋灰等抹灰	砖墙基层	1:3 石灰砂浆打底 纸筋灰罩面	13 2	
	混凝土基层	1:3:9 混合砂浆打底 纸筋灰罩面	13 2	刷水泥浆后应随即抹底子灰，分二遍，头遍要压实，待5～6成干时抹第二遍灰

二、抹灰施工要点

抹灰施工要点如下：

（1）抹灰前必须先找好规矩，即四角规方、横线找平，立线吊直、弹出基准线和墙裙、踢脚板上口线。

1）普通抹灰，先用托线板检查墙面平垂直程度，大致决定抹灰厚度（最薄处一般不小于7mm），再在墙的上角做一个标准灰饼（用打底砂浆或1:3水泥砂浆，也可用水泥:石灰膏:砂=1:3:9混合砂浆，遇有门窗口垛角处要补做灰饼），大小5cm见方，厚度以墙面平整垂直决定，然后再根据这两个灰饼用托板或线坠挂垂直做墙面下角两个标准灰饼（高低位置一般在踢角线上口），厚度以垂直为准，再用钉子钉在左右灰饼附近墙缝里，拉水平通线，并按间距1.2~1.5m左右加做若干标准灰饼，待灰饼稍干后，在上下灰饼之间抹上宽约10cm的砂浆冲筋，用木杠刮平，厚度与灰饼相平，待稍干后可进行底层抹灰。

2）高级抹灰，先将房间规方，小房间可以一面墙做基线，用方尺规方即可，房间面积较大，要在地面上先弹出十字线，以作为墙角抹灰准线，在离墙角约10cm左右，用线锤吊直，在墙上弹一垂直线，再按房间规方地面十字线及墙面平整程度向里反线，弹出墙角抹灰准线，并在准线上下两端排好通线后做标准灰饼及冲筋。

（2）石灰砂浆的墙面阳角，如设计对阳角线无规定时，一般可用1:3水泥砂浆抹出护角，护角高度不低于1.5m，其做法是：根据灰饼厚度抹灰，然后黏好八字靠尺，并找方吊直，用1:3水泥砂浆分层抹灰，待砂浆稍干后，再用捋角器和水泥浆捋出小圆角。

（3）基层为混凝土时，抹灰前应先刮素水泥浆一道，加气混凝土基层，应刷108胶·水=1:5溶液一道。

（4）采用水泥砂浆面层时，须将底子灰表面扫毛或划出纹道，面层应注意接搓，表面压光不得少于两遍，罩面后次日进行洒水养护。

(5) 纸筋灰或麻刀灰罩面，宜在底子灰5~6成干时进行，底子灰过于干燥应浇润湿，罩面分两遍压实赶光。

(6) 板条或苇箔墙抹底灰时，砂浆要挤入板条或钢丝网的缝隙中。抹灰要薄，待底灰7~8成干在抹第二遍灰。

(7) 墙面阳角抹灰时，先将靠尺在墙角的一面用线坠找直，然后在墙角的另一面顺靠尺抹上砂浆。

(8) 室内墙裙，踢脚板一般要比罩灰墙面凸出3~5mm，根据高度尺寸弹上线，把八字尺靠在线上用铁抹子切齐，修边清理。

第二节 饰面施工

一、石材饰面

饰面板的安装包括天然石材（如大理石、花岗岩、青石板等）和人造饰面板（如人造大理石、预制水磨石、预制水刷石等）安装。

1. 水泥砂浆直接粘贴法施工工艺

当饰面板材的规格小于400mm×400mm，厚度小于12mm，且安装高度不超过3m时，可采用直接粘贴施工方法。

直接粘贴法施工工序为：基层处理→抹底子灰→定位弹线→粘贴饰面板。

(1) 基层处理

饰面板安装前，应对墙、柱等基体进行认真处理，是防止饰面板安装后产生空鼓脱落的关键工序。基体应具有足够的强度、刚度和稳定性。基体表面应平整粗糙，光滑的基体表面应进行凿毛处理，凿毛深度应为0.5~1.5cm，间距不大于3cm。基体表面残留的砂浆、尘土和油渍等，应用钢丝刷刷净并用水冲洗。

(2) 抹底子灰

抹厚为12mm的1:3水泥砂浆，找规矩，用短木杆刮平，并划毛。

（3）定位弹线

按照设计图纸和实际粘贴的部位，以及所用饰面板的规格、尺寸，弹出水平线和垂直线。为保证板缝严密、不渗水、弹线时应考虑饰面板的接缝宽度，饰面板的接缝宽度应符合设计要求。

（4）粘贴饰面板

先在抹好的底灰上洒水润湿，并在将要粘贴的面上薄薄的刮一道素水泥浆，然后将挑好的、经过湿润并晾干的饰面板抹上2～3mm厚的素水泥浆，并在水泥浆中加入适量的108胶进行粘贴，贴上后用木锤轻轻敲击，使之固定。粘贴时，应随时用靠尺找平找直，并采用支架稳定靠尺，随即将流出的砂浆擦掉，以免玷污邻近的饰面。

粘贴小规格饰面石板也可用胶粘剂直接镶贴，胶粘剂配合比为：环氧树脂∶乙二胺∶邻苯二甲酸二丁酯∶颜料＝100∶6∶8∶20。其操作方法与上述相同。

2. 饰面板的质量标准

饰面板安装的允许偏差和检验方法应符合表8-2的规定。

饰面板安装的允许偏差和检验方法　　表8-2

项目	允许偏差（mm）						检验方法
	石材			瓷板	木材	塑料金属	
	光面	剁斧石	蘑菇石				
立面垂直度	2	3	3	2	1.5	2	用2m垂直检测尺检查
表面平整度	2	3	—	1.5	1	3	用2m靠尺和塞尺检查
阴阳角方正	2	4	4	2	1.5	3	用直角检测尺检查
接缝直线度	2	4	4	2	1	1	拉通线，用钢直尺检查
墙裙等上口直线度	2	3	3	2	2	2	拉通线，用钢直尺检查
接缝高低差	0.5	3	—	0.5	0.5	1	用钢直尺和塞尺检查
接缝宽度	1	2	2	1	1	1	用钢直尺检查

二、饰面砖施工工艺

饰面砖镶贴一般是指釉面砖、外墙面砖、陶瓷锦砖和玻璃陶瓷锦砖的镶贴。

1. 饰面砖镶贴的施工准备

(1) 基层处理

镶贴饰面层都需要找平层。找平层的优劣，是保证饰面层镶贴质量关键，而基层处理又是做好找平层的前提。

1) 混凝土表面处理

当基体为混凝土时，先剔凿混凝土基体上凸出部分，使基体基本保持平整、毛糙，然后用火碱水或洗涤剂配以钢丝刷将表面上附着的隔离剂、油污等清除干净，最后用清水刷净。基体表面如有凹入部位，需用1:2或1:3水泥砂浆补平。如为不同材料的结合部位，例如填充墙与混凝土面结合处，还应用钢板网压盖接缝，射钉钉牢。为防止混凝土表面与抹灰层结合不牢，发生空鼓，尚可采用30%的108胶加70%水拌和的水泥素浆，在基体表面满涂一道，以增加结合层的附着力。光滑的混凝土面，须用钢尖或扁錾凿坑处理，使表面粗糙。打点凿毛应注意两点：一是受凿面积≥70%（即每1m^2面积大点200个）；二是凿点后，应清理凿点面，由于凿点中必然产生凿点局部松动，必须用钢丝刷清刷一道，并用清水冲洗干净，防止产生隔离层。

2) 加气混凝土表面处理

砌块内墙应在基体清净后，先刷108胶水溶液一道，然后为保证块料镶贴牢固，最好再满钉丝径0.7mm、孔径32mm×32mm或以上的机制镀锌铁丝网一道。钉子用ϕ6“U”型钉，钉距≤600mm，梅花型布置。

3) 砖墙表面处理

当基体为砖砌体时，应用钢錾子剔除砖墙面多余灰浆，然后用钢丝刷清除浮土，并用清水将墙体充分湿水，使润湿深度约2~3mm。

(2) 找平层施工

1) 贴饼、冲筋。找平层应吊垂线，贴灰饼。外墙面作找平层时，应在墙面转角处用经纬仪和线坠按找平层厚度从顶到底测定垂直线，沿垂线做标志，贴灰饼。垂直线应一次吊线，严禁两次吊线。外柱到顶的外墙，每个外柱边角必须吊线（即柱面双线），做双灰饼，然后再根据垂直线拉横向通线，沿通线每隔1200~1500mm做灰饼；同时应放在门窗或阳台等处拉横向通线，找出垂直方正后，贴好灰饼。应特别注意各楼层的阳台和窗口的水平向、竖向和进出方向必须“三向”成线。

连通灰饼进行冲筋，作为找平层砂浆平整度和垂直度的标准。外墙面局部镶贴饰面砖时，同一排砖应拉水平通线，同一排列砖应吊垂直线坠，进行贴灰饼、冲筋。内墙面应在四角吊垂线、拉通线，确定抹灰厚度后贴灰饼、连通灰饼（竖向、水平向）进行冲筋，作为内墙找平层砂浆垂直度和平整度的标准。

2) 抹底层砂浆

① 材料。用1:3水泥砂浆或1:1:4混合砂浆，严格控制找平层砂浆的稠度。

② 湿水。基层抹灰必须充分润湿基体，严禁在干燥的混凝土或砖墙上抹砂浆找平层。因为干燥的墙面，尤其当混凝土或砖砌体表面温度较高时，紧贴基体的砂浆很快被集中吸干水分，使紧靠基体的砂浆失水而引起基层抹灰脱壳和出现缝裂而影响质量。

③ 基层抹灰（即找平层抹灰）。基层抹灰的质量，要控制好垂直及平整度。要分层抹灰，每一层厚度不宜太厚，一般≤7mm，局部加厚部位应加挂钢丝网。抹灰时应快抹快找平，不得反复揉压，造成人为空鼓。为克服混凝土基层抹灰易于空鼓，可在抹灰前在基体表面刷界面胶粘剂等。抹外墙面的找平层时，尚应注意墙面的窗台、腰线、阳角及滴水线等部位饰面层镶贴排砖方法和换算关系，正面砖要往下突3mm左右，底面砖要做出流水坡度。

④ 养护。在找平层完成后，应洒水养护，一般3~7d。

（3）抹中层砂浆。找平层抹灰完成后，在铺镶块料的前一天，再用1:2水泥砂浆或1:1:4水泥石灰砂浆批满。中层砂浆为精找平，一般厚≤5mm，以解决基层抹灰找平回缩产生的不平，保证找平层平整度。

2. 墙面饰面砖的镶贴施工要点

（1）分层做法

1）7mm厚1:3水泥砂浆打底划毛。

2）12~15mm厚1:0.2:2混合砂浆结层。

3）镶贴面砖。

（2）施工要点

1）按照设计要求挑选规格、颜色一致的面砖，面砖使用前在清水中浸泡2~3小时，涂抹底灰后阴干备用。

2）底灰抹完后，一般养护1~2d方可镶贴面砖。

3）根据设计要求，统一弹线分格、排砖，一般要求横缝与璇脸或窗台平，阳角窗口都是整砖，并在底灰上弹上垂直线。横向不是整块的面砖时，要用合金钢钻和砂轮切割整齐。如按整块分格，可采取调整砖缝大小解决，阳角处的面砖应将拼缝留在侧边。

4）用面砖做灰饼，找出墙面、柱面、门窗套等横竖标准，阳角处要双面排直，灰饼间距为1.6m。

5）镶贴时，在面砖背面满铺粘结砂浆，铺贴后，用小铲轻轻敲击，使之与基层粘结牢固，并用靠尺、方尺随时找平找方。贴完一皮后须将砖上口灰刮平，每日下班前须清理干净。

6）在与抹灰交接的门窗套、窗心墙、柱子等处应先抹好底灰，然后镶贴面砖。罩灰面可在面砖镶贴后进行。面砖与抹灰交接处做法可按设计要求处理。

7）缝子的米厘条应在镶贴面砖次日（也可在当天）取出，并用水洗净继续使用。在面砖镶贴完成一定流水段落后，立即用1:1水泥砂浆（砂子须过窗纱筛）勾缝。

8）整个工程完成后，可用稀盐酸刷洗表面，并随即用水冲洗干净。

3. 常见质量问题及其处理

(1) 饰面砖空鼓、脱落

1) 原因

① 基层表面光滑，铺贴前基层没有湿水或湿水不够，水分被基层吸掉影响粘结力；

② 基层偏差大，铺贴时抹灰一次过厚，干缩过大；

③ 饰面砖未用水浸透或铺贴前饰面砖未阴干；

④ 砂浆配合比不当，砂浆过干或过稀，粘贴不密实；

⑤ 粘贴灰浆初凝后，拨动瓷砖；

⑥ 门窗框边封堵不严，开启引起木砖松动，产生瓷砖空鼓；

⑦ 使用质量不合格的瓷砖，瓷砖破裂自落。

2) 预防措施

① 基层凿毛，铺贴前墙面应浇水充分润湿，水应渗入基层8~10mm，混凝土墙面应提前两天浇水，基层刷素水浆、胶粘剂或界面剂。

② 基层凸出部位剔平，凹处用1:3水泥砂浆补平，脚手架眼、管线穿墙孔用砂浆填严。不同材料墙面接头处，应先铺钉金属网，并绷紧牢固，金属网与各基体的搭接宽度不小于10mm，然后用水泥砂浆抹平，再铺贴瓷砖。

③ 饰面砖使用前浸泡时间不小于2h，使用前须阴干，不见表面明水时方可粘贴；

④ 砂浆应具有良好的和易性与稠度，操作中用力要均匀，嵌缝应密实；

⑤ 饰面砖铺贴应随时纠偏，粘贴砂浆初凝后严禁拨动瓷砖；

⑥ 门窗边应用水泥砂浆封严；

⑦ 严把饰面砖、水泥、砂子等原料质量关，杜绝不合格材料在施工中使用。

(2) 饰面砖接缝不平直，不均匀，墙面凹凸不平

1) 原因

① 找平层垂直度、平整度超出允许偏差规定的要求；

② 饰面砖薄厚、尺寸相差较大，使用已变形的砖；

③ 饰面砖预选、预排不认真，排砖未弹线，操作不跟线；

④ 饰面砖镶贴未及时调缝和检查。

2）预防措施

① 找平层垂直度、平整度超出允许偏差限值未经处理的，不得镶贴饰面转；

② 饰面砖应选砖，按规格、颜色分类码放，变形、裂纹砖严禁使用；

③ 镶贴前应进行找规矩，并认真预排砖、弹线，选用技术熟练的工人进行操作；

④ 饰面砖铺贴应立即拨缝，调直拍实，使饰面砖接缝平直。

（3）瓷砖裂缝、变色或表面污染

1）原因

① 饰面砖松脆、吸水率大、抗拉、抗折性差；

② 饰面砖在运输、操作中有暗伤，成品保护不好；

③ 饰面砖材质疏松，施工前浸泡了不洁净的水变色；

2）预防措施

① 选材时应挑选材质密实，吸水率不大于10%的好砖，冰冻严重的地区吸水率不大于8%；

② 操作中将有暗伤的饰面砖剔出，铺贴时不得用力敲击砖面，防止暗伤；

③ 浸砖须用清洁水；

④ 选用材质密实的砖，污染灰尘可被雨水冲掉。

4．饰面砖粘贴的允许偏差和检验方法应符合表8-3的规定。

饰面砖粘贴的允许偏差和检验方法　　　　表8-3

项次	项目	允许偏差（mm）		检验方法
		外墙面砖	内墙面砖	
1	立面垂直度	3	2	用2m垂直检测尺检查
2	表面平整度	4	3	用2m靠尺和塞尺检查

续表

项次	项目	允许偏差（mm）		检 验 方 法
		外墙面砖	内墙面砖	
3	阴阳角方正	3	3	用直角检测尺检查
4	接缝直线度	3	2	拉通线用钢直尺检查
5	接缝高低差	1	0.5	用钢直尺和塞尺检查
6	接缝宽度	1	1	用钢直尺检查

三、罩面板

微薄木装饰板罩面板内墙装修的施工工序为：基层清理→选板→翻样及试拼→下料及编号→防火及防腐处理→弹线→涂胶→粘贴→检查及修整→封边及收口→终饰

1. 基层处理

（1）基层平整的要求

在镶贴施工前，对局部凹陷或上凸处要进行修整。凹陷处要用油性腻子补平，上凸处用刨子刨平或用砂纸磨平。特别是粘贴薄型的饰面板的木基层，对基层平整有较高的要求。

（2）基层面边线平直方正的要求

如基层面边线不平直方正，而饰面板下料平直方正，就会在饰面板与基层面的边部出现飞边与错位现象，影响装饰效果。所以要对不平直方正的基面修整。对多余的部分进行修刨。对缺位处，如果边线内凹缺量不大时，可用油性腻子补直，如凹缺量大时，可用镶木条的方法或者更换基面板。

（3）基层清理

基层面如留有灰尘、胶迹、钉头、颗粒、将会出现粘贴不牢，饰面麻点现象，大的颗粒将会把饰面板顶起，从而产生鼓包，将严重影响装饰效果。所以在贴饰面板时，要彻底清扫基面，将灰尘、胶迹、钉头和颗粒完全清除或修平。同时也要认真清扫饰面板的背面。还应保持施工场地及胶液的清洁，并注意在镶贴时，不要让胶液沾上颗粒杂物，用完后将剩余的胶液封好。

2. 选板

根据具体设计的要求，对微薄木装饰板进行花色、质量、规格的选择，并一一归类。所有不合格的装饰板，应清离现场，以免混淆。

3. 微薄木装饰板翻样、试拼及下料、编号

将微薄木装饰板按具体设计的规格、花色、位置等绘制施工翻样详图，翻样试拼（并严格注意木纹图案的拼接），下料、编号、校正尺寸，四角套方。下料须根据具体设计对微薄木装饰板拼花图案的要求进行加工。锯切时须特别小心，锯路要直，须防止崩边。并须预留2~3mm的刨削余量。刨削时须非常细致，一般可将数块微薄木装饰板成沓的夹于两块木板之间，露出应刨部分，用夹具将木板夹住，然后用刨十分谨慎的缓缓刨削，直至刨到夹木边沿为止。刨刀须锋利，用力要均匀、每次刨削量要小，否则微薄木装饰板表面在边口处易于崩边脱落，影响装修美观。

上述检查合格后，将高级微薄木装饰板一一编号备用。

4. 微薄木装饰板防腐、防火处理

微薄木背面满涂氟化钠防腐剂一道，防火涂料三道。须涂刷均匀，不得有漏涂之处。

5. 弹线

根据具体工程的具体设计及翻样、试拼的编号，在墙面上将微薄木装饰板的具体位置一一弹出。弹线必须准确无误。

6. 涂胶

在微薄木装饰板背面与基层粘贴之处满涂胶粘剂一层，胶粘剂应根据微薄木装饰板所用的胶合板底板的品种而定。涂胶须薄而均匀，不得有厚薄不均及漏胶之处。胶中严禁吹入或混入任何屑粒、灰尘及其他杂物。

7. 微薄木装饰板的粘贴

根据微薄木装饰板的编号及龙骨上的弹线，将装饰板顺序上墙、就位粘贴。粘贴时须注意拼缝对口、木纹图案拼接等。接缝

对口越少越好。最好是用装饰板原来板边对口（因原边较平直，且无崩边缺口现象），并使对口拼缝尽可能安装在不显眼处（如在500mm以下或2000mm以上等处）。阴阳角处的对口接缝，侧边必须非常平直（最好用装饰板原边对口），不得有歪斜、不平之处。每块微薄木装饰板上墙就位后，须用手在板上（龙骨处）均匀按压，随时与相邻各板调平理直，并注意使木纹纹理与相邻各板拼接严密、对称、正确，符合设计要求。粘贴完后用干净布挤出多余的胶液并擦净。

8．检查、修整

全部微薄木装饰板安装完毕，需进行全面抄平及严格的质量检查。凡有不平、不直、对缝不严、木纹错位以及其他与质量标准不符之处，均应彻底纠正、修理。

9．封边、收口

根据具体设计对微薄木装饰板建筑内墙装修分边、收口之具体要求进行封边、收口。所有有关封边、收口的线脚、饰条等，均按具体设计办理。

10．漆面

根据具体设计要求进行漆面，其施工工艺详见本章相关内容。

四、裱糊饰面施工工艺

裱糊饰面主要是指墙、柱面的各种壁纸、墙布、墙毡裱糊饰面。较常见的品种有纸基壁纸、布基塑料壁纸、纺织物壁纸、天然材料面壁纸、金属面壁纸、玻璃纤维墙布、无纺墙布、墙毡和锦缎等材料。塑料壁纸既可裱糊在木基面上，又可裱糊在石膏板和水泥基层上。而金属面壁纸和锦缎必须裱糊在木夹板基面上。

1．壁纸裱糊的施工准备工作

（1）材料准备

1）壁纸的品种、花色、色泽等已由设计规定或由甲方认定。施工时应检查壁纸的色泽是否一致，以保证装饰效果。

2）常用粘结剂

裱糊塑料壁纸的粘结剂可用108胶水加羧甲基纤维素（化学浆糊）来调配。其配比通常为108胶:羧甲基纤维素:水=100:6:60（重量比）。

壁纸胶粉是专用于裱糊各种纸基塑料壁纸的粘结剂，其主要优点是使用方便、干后无色、不污染墙纸、粘结力强，较上述的粘结剂更能保证施工质量。

（2）裱糊工具

常用裱糊工具有：活动裁纸刀、钢板抹子、塑料刮板、毛胶辊、不锈钢长钢尺及裁纸案台、钢卷尺、普通剪刀、注射用针管及针头、粉线包、软毛巾、排笔、板刷、大小塑料桶等。

2. 壁纸裱糊的主要操作工序

壁纸裱糊施工的操作工序主要有：基层处理→防潮处理→壁纸浸水→壁面弹线→壁面刷胶→纸面刷胶→对花裱糊→清理修整等。但对不同的墙面和壁纸材料，其操作工艺上又有所区别。主要操作工序见表8-4。

裱糊的主要工序 **表8-4**

工序名称	抹灰面混凝土				石膏板面				木料面			
	复合壁纸	PVC壁纸	墙布	有背胶壁纸	复合壁纸	PVC壁纸	墙布	有背胶壁纸	复合壁纸	PVC壁纸	墙布	有背胶壁纸
清扫基层、填补缝隙、磨砂纸	+	+	+	+	+	+	+	+	+	+	+	+
接缝处糊条					+	+	+	+	+	+	+	+
找补腻子、磨平					+	+	+	+	+	+	+	+
满刮腻子、磨平	+	+	+	+								
涂刷涂料一遍									+	+	+	+
涂刷底胶一遍	+	+	+	+	+	+	+	+				

续表

工序名称	抹灰面混凝土				石膏板面				木料面			
	复合壁纸	PVC壁纸	墙布	有背胶壁纸	复合壁纸	PVC壁纸	墙布	有背胶壁纸	复合壁纸	PVC壁纸	墙布	有背胶壁纸
墙面划准线	+	+	+	+	+	+	+	+	+	+	+	+
壁纸浸水润湿		+		+		+		+		+		+
壁纸涂刷胶粘剂	+				+				+			
基层涂刷胶粘剂	+	+	+		+	+	+		+	+	+	
纸上墙、裱糊	+	+	+	+	+	+	+	+	+	+	+	+
拼缝、搭接、对花	+	+	+	+	+	+	+	+	+	+	+	+
赶压胶粘剂、气泡	+	+	+	+	+	+	+	+	+	+	+	+
裁边		+				+			+			
擦净挤出的胶液	+	+	+	+	+	+	+	+	+	+	+	+
清理修整	+	+	+	+	+	+	+	+	+	+	+	+

注：1. 表中"+"号表示应进行的工序。

2. 不同材料的基层相接处应糊条。

3. 混凝土表面和抹灰表面必要时可增加满刮腻子的遍数。

4. "裁边"工序，在使用宽为920mm、1000mm、1100mm等需重叠对花的PVC压延壁纸时进行。

3. 基层处理工艺

裱糊壁纸的基层，要求坚实牢固，表面平整光洁，不疏松起皮、不掉粉、无砂粒、孔洞、麻点和飞刺，否则壁纸就难以贴平整。此外，墙面应基本干燥，不潮湿发霉，含水率低于5%。经防潮处理后的墙面，可减少壁纸发霉现象和受潮起泡脱落现象。所以说基层处理质量的好坏，直接关系到壁纸的裱糊质量。

(1) 底灰腻子

底灰腻子用作修补填平基层表面的麻、坑、接缝、钉孔等部位。调配腻子的配比见表8-5（重量比）。

腻子配合比（重量比） **表 8-5**

名　称	石膏	滑石粉	熟桐油	羧甲基纤维素溶液（浓度 2 %）	聚醋酸乙烯乳液
乳胶腻子		5		3.5	1
乳胶石膏腻子	10			6	0.5~0.6
油性石膏腻子	20		7		50

（2）混凝土及抹灰基层处理

裱糊壁纸的基层是混凝土面、抹灰面（如水泥砂浆、水泥混合浆、石灰砂），要满刮腻子一遍磨砂纸。但有的混凝土面、抹灰面有气孔、麻点、凹凸不平时，为了保证质量，应增加满刮腻子和磨砂纸遍数。

（3）基层处理

木基层要求接缝不显接槎，接缝、钉眼应用腻子补平并满刮油性腻子一遍（第一遍），用砂纸磨平。木夹板的不平整主要是钉接造成的，在钉接处木夹板往往下凹，非钉接处向外凸。所以第一遍满刮腻子主要是找平大面。第二遍可用石膏腻子找平，腻子的厚度应减薄，可在该腻子 5~6 成干时，用塑料刮板有规律压光；最后用干净的抹布轻轻将表面灰粒擦净。

（4）石膏板基层处理

纸面石膏板比较平整，抹腻子主要是在对缝处和螺钉孔位处。对缝批抹腻子后，还需用棉纸带贴缝，以防止对缝处的开裂。在无纸面石膏板上，应用腻子满刮一遍，找平大面，然后用第二遍腻子进行修整。

（5）旧墙基层处理

首先对旧墙表面脱灰、孔洞等较大的缺陷处用砂浆修补平。再对麻点、凹坑、接缝、裂缝等较小缺陷，用腻子修补 2 次，直到填平。然后进行大面满刮腻子的找平工作。如果墙面有油迹等污染部分，应彻底铲除或刷洗干净，再用水泥砂浆或石膏灰浆补平。要注意修补的砂浆应与原基层砂浆同料、同色，一定要防止基层颜色不一致，而影响壁纸粘贴后的装饰效果。

(6) 不同基层对接处的处理

不同基体材料的相接处，如石膏板与木夹板，水泥或抹灰基面与木夹板，水泥基面与石膏板之间的对缝，应用棉纸带或穿孔纸带粘贴封口，以防止裱糊后被拉裂撕开。

(7) 涂刷防潮底漆和底胶

为了防止壁纸受潮脱胶，一般对要裱糊的塑料壁纸、壁布、纸基塑料、金属壁纸的墙面，涂刷防潮底漆。防潮底漆用酚醛清漆与汽油或松节油来调配，其配比为清漆:汽油（或松节油）=1:3。该底漆可涂刷也可喷刷。在涂刷防潮底漆和底胶时，室内应无灰尘，且防止灰尘和杂物混入底漆或底胶中。底胶一般是一遍成活，但不能漏刷、漏喷。

4. 各种塑料壁纸的裱糊施工要点

(1) 弹线

墙面弹水平线及垂直线，其目的使壁纸粘贴后的花纹、图案、线条纵横连贯，故有必要在底油底胶干燥后弹出水平、垂直线，作为施工操作的依据。遇到门窗等大洞口时，一般以立边分划为宜，便于摺角贴立边。具体操作方法如下：

按壁纸的标准宽度找规矩，每个墙面的第一条纸都要弹线找直，作为裱糊时的基准线。而将调整用的裁切边安排在墙的阴角处。每个墙面的第一条垂线，应该定在距墙角距离小于壁纸幅宽50~80mm处。

(2) 测量与裁剪

量出墙顶到墙脚的高度，两端各留出50mm以备修剪，然后剪出第一段壁纸。有图案的材料，特别是主题图形较大的，应将图形自墙的上部开始对花。而需根据弹线找规矩的实际尺寸统筹规划裁纸，并编上号，以便按顺序粘贴。

(3) 润纸

塑料壁纸遇水或胶水，开始自由膨胀，约5~10min胀足，干后会自行收缩。自由胀缩的壁纸，其幅宽方向的膨胀为0.5%～1.2%，收缩率为2%～0.8%。以幅宽500mm的壁纸为例，其幅宽方向的膨胀为2～6mm，收缩率为1～4mm。掌握这个特性可保证塑料纸基壁的裱糊质量。准备上墙的壁纸，要先刷清水一遍，再均匀刷粘结剂一遍，使壁纸充分吸湿膨胀后再上墙。润纸的方法可刷水，也可将壁纸浸入水中浸泡3～5min后，把多余的水抖掉，静置约15min，然后再刷胶裱糊。这样纸能充分胀开，粘贴到基层上后，纸基壁纸随着水分的蒸发而收缩、绷紧，如果在干纸上刷胶后立即上墙裱糊，由于纸虽被胶固定，但会继续吸湿膨胀，这样粘上的壁纸就会出现大量气泡，皱折，不能保证裱糊质量。

（4）刷胶

塑料纸基背面和墙面都应涂刷粘结剂，刷胶应厚薄均匀，粘结剂调制后，并通过400孔/cm^2筛子过滤，除去胶中的疙瘩和杂物，调制出的胶液应在当日用完。

刷胶时，基层表面刷胶的宽度要比壁纸宽30mm左右。涂刷要均匀，不裹边，不起堆，以防溢出，污染壁纸。但也不能刷得过少，甚至刷不到位，以防壁纸粘结不牢。一般抹灰墙面用胶量为0.15kg/m^2左右。壁纸背面刷胶后，应是胶面反复对迭，以避免胶干得太快，也便于上墙，并使裱糊的墙面整洁平整。

（5）裱粘

1）裱贴壁纸时，分幅的顺序一般为从垂直线起至墙面阴角收口处止，先垂直面后水平面，先细部后大面。贴垂直面时先上后下，贴水平面时先高后低。

2）裱贴时，先将上过胶的壁纸下半截，凑近墙壁，使边缘靠着垂线成一直线，轻轻压平，由中间向外用刷子将上半截敷平，在壁纸顶端作出记号，然后用剪刀修齐或用纸刀将多余的壁纸割去。再按上述法同样处理下半截，修齐踢脚板与墙壁的交接处。用海绵擦掉沾在踢脚板上的胶液。壁纸基本贴平后，再用胶皮刮板或有机玻璃片由上而下，由中间向两边抹刮，使壁纸平整贴实。

3）一般无花纹的壁纸，纸幅间可拼缝重叠 20mm，并用直钢尺在接缝上从上而下用锋利的壁纸刀，在壁纸重叠部分的中间切断。在切割时用力要适中，以能将两层墙纸切断幅壁纸切断为准，而且用力要均匀，要避免重割。有花纹的壁纸，则采取两幅壁纸花纹重叠，对好花，用钢尺在重叠处拍实，从壁纸搭口中间自上而下切割，除去切下的余纸后。用橡胶刮板刮平，等半小时后进行。

4）裱糊壁纸时，严禁在阳角处拼缝，壁纸绕过墙角的宽度不小于 20mm。阴角壁纸搭缝时，应先裱糊压在里面的转角壁纸，再粘贴非转角的正常壁纸。搭接面应根据阴角垂直度而定，搭接宽度一般不小于 2～3mm，并且要保持垂直无毛边。

5）裱糊时应尽可能卸下墙上的设备和附件，不易拆下来的配件，只能在壁纸上剪口再裱上去。操作时将壁纸轻轻裱糊于设备上面，并找到中心点，从中心开始切割十字，然后用手按住设备的轮廓位置，慢慢拉起多余的壁纸，剪去不需要的部分，再用橡胶刮子刮平，并擦去刮出的胶液。

6）粘贴后，若发现空鼓、气泡时，可用针刺进放气再用注射针挤进粘结剂。也可用壁纸刀切开泡面，加涂粘结剂后，用刮板压平压实。并把纸面上的污点，胶迹清洁干净。

7）保护好贴完壁纸的墙壁完工后，应尽量封闭通行或设保护覆盖物。一般应注意以下几点：

① 为避免损坏，污染，裱贴墙纸尽量放在施工作业的最后一道工序，特别应放在踢脚板铺贴之后。

② 裱忒墙纸时空气相对湿度不应过高，一般应低于 85%，温度不应剧烈变化。

③ 在潮湿季节，裱贴好的墙纸，在竣工后应在白天打开门窗，加强通风（除阴雨天外）。夜晚关闭门窗防止潮湿气

体侵袭。

④ 基层抹灰层应具一定吸水性，因而底面防潮底漆的使用与否一定要根据具体气候条件和使用条件来定。

5. 壁纸、墙布裱糊工程的质量标准及检验方法，见表8-6。

壁纸、墙布裱糊工程的质量标准及检验方法　　表8-6

项目		质量要求	检查方法
主控项目	1	裱糊后各幅壁纸拼接应横平竖直，拼接处花纹、图案应吻合，不离缝、不搭接、不显拼缝	观察；拼缝检查距离墙面1.5m正视
	2	壁纸、墙布应粘贴牢固，不得有漏贴、补贴、脱层、空鼓和翘边	观察；手摸检查
一般项目	1	裱糊后壁纸、墙布表面应平整，色泽应一致，不得有波纹起伏、气泡、裂缝、皱折及斑污，斜视时应无胶痕	观察；手摸检查
	2	复合压花壁纸墙布的压痕及发泡壁纸的发泡层应无损坏	观察
	3	壁纸、墙布与各装饰线、设备线盒应交接严密	观察
	4	壁纸、墙布边缘应平直整齐，不得有纸毛、飞刺	观察
	5	壁纸、墙布阴角处搭接应顺光，阳角处应无接缝	观察

第三节　涂料施工

涂料工程适用于各种水性涂料、溶剂型涂料及美术涂饰等工程的施工。

一、基层处理

1. 混凝土及砂浆基层的处理

(1) 对混凝土及砂浆基层的基本要求见表8-7。

对混凝土及砂浆基层的基本要求　　表 8-7

基层种类	要　求
混凝土基层	1. 混凝土工程的质量必须符合《混凝土结构工程施工质量验收规范》（GB 50204—2002）的有关规定 2. 基层应平整，如拆模后发现有板面不平整、模板接缝错位、局部凸起等缺陷，应根据涂饰方法、涂料种类、式样，修补调整到可施工的范围内；一般要求错位应在 3mm 以下，表面精度以 5mm 为限 3. 基体的阴、阳角及角线应密实，轮廓分明，如发现有缺棱角必须修复 4. 混凝土的碱度 pH 值应在 9～10 以下，一般情况下，外墙面在施工完毕后夏季 2 周、冬季 3～4 周时间可达到碱度要求 5. 混凝土表面应干燥，一般要求含水率在 8%～10% 以下，溶剂型涂料的含水率一般要求在 6% 以下。水乳型外墙涂料，在混凝土浇筑后夏季 2 周、冬季 3～4 周便可施工 6. 清除妨碍涂饰施工的钢筋、穿钉、木片等杂物，并用砂浆或腻子填平，以免由于钢筋等锈蚀而膨胀造成涂膜脱落和污染 7. 对于混凝土接槎缝、施工缝以及由于混凝土收缩产生的裂缝等，可能造成漏水，因此应选择适当的方法进行防水处理，并用腻子填平 8. 如发现表面硬化不良、强度明显不足的部位，应用钢丝刷等工具剔除强度低的部分再用水泥聚合物腻子或聚合物砂浆进行修补处理 9. 在外墙表面预留伸缩缝处（包括施工期间预留的），应用封闭材料填充 10. 应彻底清除基层面上的脱模污染物、油垢、灰尘、溅沫和砂浆流痕等污染物
预制混凝土构件基层	1. 构件的损伤与破损部位应进行修复处理，修补后应满足涂饰施工的要求 2. 表层粘附的浮浆皮、脱模剂、铁钉、木片等妨碍涂饰施工的污染物及杂物应彻底清除干净，并用腻子补平 3. 构件的拼装接缝处，须用混凝、水泥砂浆或密封材料填充；应注意，选用的密封材料不能对涂料产生不良影响和污染 4. 构件上的预埋铁件、支承板等铁件，必须采取相应的防锈处理 5. 其他方面的要求参见“对混凝土基层要求”的有关内容

续表

基层种类	要求
水泥砂浆基层	1. 抹灰质量必须符合《建筑装饰装修工程质量验收规范》(GB 50210—2001)有关规定 2. 抹灰面应平整，阴阳角及线角应密实、方正；缺棱少角处应用砂浆或聚合物砂浆补齐 3. 砂浆基层面的浮灰、浮土及其他沾污物应彻底清除干净；表面空洞及裂缝应用腻子补平 4. 若基层表面存在强度不足、粉化、起砂、脱落或酥松等缺陷，应进行必要的处理，使之符合涂料对强度和刚度的要求 5. 砂浆层表面的碱度和含水率必须符合涂饰施工的要求
石灰浆基层	1. 石灰浆碱性很强，必要时应用3%磷酸水溶液或5%草酸水溶液清洗，降低碱度，使之符合涂饰施工的要求 2. 石灰浆干燥速度慢，涂料施工时应注意检查表面含水率，表面含水率必须满足涂饰要求 3. 如已用石灰水刷白的基面，在涂料涂饰施工前，应铲除表面浮灰，然后用腻子刮平 4. 要求表面无空鼓、裂缝；如发现有上述缺陷，应用腻子补平 5. 基体的阴、阳角必须垂直、方正；如缺棱少角，应进行修补

(2) 清理基层。

基层清理方法见表8-8。

常见的粘附物及清理方法　　表8-8

常见的粘附物	清理方法
灰尘等粉状粘附物	可用扫帚、毛刷进行清扫或用电吸尘器进行除尘处理
砂浆喷溅物，水泥砂浆流痕、杂物	用铲刀、錾子铲除剔凿或砂轮打磨，也可用刮刀、钢丝刷等工具进行清除
油脂、隔离剂、密封材料等粘附物	要先用5%~10%浓度的火碱水清洗，然后用清水清洗
表面泛“白霜”	可先用3%的草酸液清洗，然后再用清水清洗

续表

常见的粘附物	清 理 方 法
酥松、起皮、起砂等	应用錾子、铲刀将脱离部分全部铲除，并用钢丝刷刷去浮灰、再用水清洗干净
霉斑	用化学去霉剂清洗，然后用清水清洗
油漆彩画及字痕	可用10%浓度的碱水清洗，或用钢丝刷蘸汽油或去油剂刷净，也可用脱漆剂清除或用刮刀刮去

2. 木料面的基层处理

（1）表面及缝隙的灰尘、浮土、污垢及粘着的砂浆用刷子、刮刀除净。粘有沥青或水柏油，可用铲刀刮去，再点漆片，防止以后沥青咬透漆膜引起油漆变色或不干。油脂和胶渍可用肥皂水清洗后再用清水洗净。

（2）表面树脂，做深色涂料可用5%~6%碳酸钠水溶液或4%~5%火碱水溶液清洗。如做浅色涂料，应用溶剂（25%丙酮水溶液）去脂。面积较大继续渗出松脂的脂囊、虫眼等应挖除，并用同种木材顺木纹粘贴镶嵌。

（3）浅色、本色的清漆装饰的木料表面如有色斑和不均匀色调，可用漂白的方法消除，即用排笔或油刷蘸漂白液均匀涂刷木料表面，使其净白，然后用2%浓度的肥皂水或稀盐酸溶液清洗，再用清水洗净。常用的漂白液有：

1）浓度15%~30%的双氧水溶液:25%浓度的氨水溶液=100:(5~10)的过氧化氢混合液。

2）浓度5%的碳酸钾和碳酸钠各1/2的水溶液:漂白粉=100:5的漂白粉液。

（4）经清理后的木料面用1~3号木砂纸顺木纹打磨平整。硬刺、木丝、毛刺等不易打磨时，可用排笔刷少许酒精，点火轻微燃烧使木刺等变硬后打磨，不得将棱角磨圆。

（5）为防止节疤处树脂渗出，可用漆片在节疤处点涂1~4遍。

3. 金属面的基层处理

（1）手工处理。用铲刀、钢丝刷将物面上的锈皮氧化层及残存铸砂刮擦干净，并用1.5号铁砂布全部打磨一遍，用汽油或松香水清洗干净。

（2）机械处理。用空气压缩机将石英砂喷打物面，将锈皮氧化层、铸砂除净，并清洗干净。

（3）化学处理。用工业硫酸∶清水 = （15~20）∶（85~80）（操作时，应将硫酸倒入清水中，严禁将清水倒入硫酸中，以免引起飞溅）配成稀硫酸溶液。然后将物体放入稀硫酸溶液中浸泡约10~12min（以彻底除锈为准），取出后再用10%浓度的氨水或石灰水浸一次后用清水洗净晾干。

4. 旧漆面的基层处理

（1）旧漆膜坚固完整的，可用肥皂水或稀碱水、清水一次擦洗，干后用木砂纸打磨。

（2）旧漆膜破坏不多，可先将破坏部分用刀刮大些，除去四周不坚固的漆膜后，再清洗、打磨。

（3）旧漆膜附着力不好，已破裂脱落，可用下列方法全部清除：

1）化学处理法。对门窗及形状复杂、面积较小的表面，用排笔蘸二甲苯涂刷两遍，使漆膜脱落，再用铲刀刮去后清洗、打磨。

2）敲铲法。对金属面的旧漆膜可用斩斧敲打铲除后，用钢丝刷净、汽油清洗。

3）刷脱漆剂法。金属面或母料面用T—1或T—2脱漆剂刷在旧漆膜上，铲除干净，然后清洗掉污物及残留蜡质。

二、混凝土及抹灰表面水性涂料施涂

1. 混凝土及抹灰表面各种水性涂料的主要施工工序

（1）混凝土及抹灰内墙、顶棚表面薄涂料工程按质量要求分为普通和高级两级，主要工序见表8-9。

混凝土及抹灰内墙、顶棚表面薄涂料工程的主要工序　　表8-9

项次	工序名称	水性薄涂料		乳液薄涂料		溶剂型薄涂料		无机薄涂料	
		普通	高级	普通	高级	普通	高级	普通	高级
1	清扫	+	+	+	+	+	+	+	+
2	填补缝隙、局部刮腻子	+	+	+	+	+	+	+	+
3	磨平	+	+	+	+	+	+	+	+
4	第一遍满刮腻子	+	+	+	+	+	+	+	+
5	磨平	+	+	+	+	+	+	+	+
6	第二遍满刮腻子		+	+	+	+	+		+
7	磨平		+	+	+	+	+		+
8	干性油打底					+	+		
9	第一遍涂料	+	+	+	+	+	+	+	+
10	复补腻子		+	+	+		+		+
11	磨平（光）		+	+	+	+	+		+
12	第二遍涂料	+	+	+	+	+	+	+	+
13	磨平（光）				+	+	+		
14	第三遍涂料				+	+	+		
15	磨平（光）						+		
16	第四遍涂料						+		

注：1. 表中“+”号表示应进行的工序。

2. 机械喷涂可不受表中施涂遍数的限制，以达到质量要求为准。

3. 高级内墙、顶棚薄涂料工程，必要时可增加刮腻子的遍数及1~2遍涂料。

4. 湿度较高或局部遇明水的房间，应用耐水性的腻子和涂料。

（2）混凝土及抹灰外墙表面薄涂料工程的主要工序见表8-10。

混凝土及抹灰外墙表面薄涂料工程的主要工序　　表8-10

项次	工序名称	乳液型薄涂料	溶剂型薄涂料	无机薄涂料
1	修补	+	+	+
2	清扫	+	+	+

续表

项次	工序名称	乳液型薄涂料	溶剂型薄涂料	无机薄涂料
3	填补缝隙、局部刮腻子	+	+	+
4	磨平	+	+	+
5	第一遍涂料	+	+	+
6	第二遍涂料	+	+	+

注：1. 表中"+"号表示应进行的工序。

2. 机械喷涂可不受表中涂料遍数的限制，以达到质量要求为准。

3. 如施涂二遍涂料后，装饰效果不理想时，可增加1~2遍涂料。

（3）混凝土及抹灰室内顶棚表面轻质厚涂料工程按质量要求分为普通和高级两级，主要工序见表8-11。

室内顶棚表面轻质厚涂料工程的主要工序　　表8-11

项次	工序名称	珍珠岩粉厚涂料		聚苯乙烯泡沫塑料粒子厚涂料		蛭石厚涂料	
		普通	高级	普级	高级	普级	高级
1	清扫	+	+	+	+	+	+
2	填补缝隙、局部刮腻子	+	+	+	+	+	+
3	磨平	+	+	+	+	+	+
4	第一遍满刮腻子	+	+	+	+	+	+
5	磨平	+	+	+	+	+	+
6	第二遍满刮腻子		+	+	+	+	+
7	磨平		+	+	+	+	+
8	第一遍喷涂厚涂料	+	+	+	+	+	+
9	第二遍喷涂厚涂料				+		+
10	第三遍喷涂厚涂料		+	+	+	+	+

注：1. 表中"+"号表示应进行的工序。

2. 高级顶棚轻质厚涂料装饰，必要时增加一遍满喷厚涂料后，再进行局部喷涂厚涂料。

3. 合成树脂乳液轻质厚涂料有珍珠岩粉厚涂料、聚苯乙烯泡沫塑料粒子厚涂料和蛭石厚涂料。

(4) 混凝土及抹灰外墙表面厚涂料工程的主要工序见表8-12。

(5) 混凝土及抹灰内墙、顶棚表面复层建筑涂料工程的主要工序见表8-13。

外墙表面厚涂料工程的主要工序　　表8-12

项次	工序名称	合成树脂乳液厚涂料、合成树脂乳液砂壁状涂料	无机厚涂料
1	修补	+	+
2	清扫	+	+
3	填补缝隙、局部刮腻子	+	+
4	磨平	+	+
5	第一遍厚涂料	+	+
6	第二遍厚涂料	+	+

注：1. 表中“+”号表示应进行的工序。
2. 机械喷涂可不受表中涂料遍数的限制，以达到质量要求为准。
3. 合成树脂乳液和无机厚涂料有云母状、砂粒状。
4. 砂壁状建筑涂料必须采用机械喷涂方法施涂。

内墙、顶棚表面复层建筑涂料工程的主要工序　　表8-13

项次	工序名称	合成树脂乳液复层涂料	硅溶胶类复层涂料	水泥系复层涂料	反应固化型复层涂料
1	清扫	+	+	+	+
2	填补缝隙、局部刮腻子	+	+	+	+
3	磨平	+	+	+	+
4	第一遍满刮腻子	+	+	+	+
5	磨平	+	+	+	+
6	第二遍满刮腻子	+	+	+	+
7	磨平	+	+	+	+
8	施涂封底涂料	+	+	+	+

续表

项次	工序名称	合成树脂乳液复层涂料	硅溶胶类复层涂料	水泥系复层涂料	反应固化型复层涂料
9	施涂主层涂料	+	+	+	+
10	滚压	+	+	+	+
11	第一遍罩面涂料	+	+	+	+
12	第二遍罩面涂料	+	+	+	+

注：表中“+”号表示应进行的工序。

（6）混凝土及抹灰外墙表面复层涂料工程的主要工序见表8-14。

外墙表面复层涂料工程的主要工序　　表8-14

项次	工序名称	合成树脂乳液复层涂料	硅溶胶类复层涂料	水泥系复层涂料	反应固化型复层涂料
1	修补	+	+	+	+
2	清扫	+	+	+	+
3	填补缝隙、局部刮腻子	+	+	+	+
4	磨平	+	+	+	+
5	施涂封底涂料	+	+	+	+
6	施涂主层涂料	+	+	+	+
7	滚压	+	+	+	+
8	第一遍罩面材料	+	+	+	+
9	第二遍罩面材料	+	+	+	+

注：同表8-13。

2. 混凝土及抹灰表面水性涂料施涂的施工要点

（1）喷涂

用空气压缩机进行喷涂，压力保持0.4~0.7N/mm^2，排气管0.6m^2。喷涂厚度以盖底最薄为宜，不宜过厚，每平方米用量为0.8~0.9kg为佳，一般2~3遍成活。喷涂时，门窗、阳台部位需进行遮挡。

（2）刷涂

用毛刷、排笔进行，应勤刷、短刷，初干后不可反复涂刷。涂刷方向、长短应一致。一般涂刷2次盖底，也可一次刷两遍，即涂刷第一遍后立即刷第二遍，注意均匀一致。

（3）涂刷与滚涂结合做法

先将涂料按刷涂要求刷于基层表面，随即用毛刷滚子进行滚涂，滚子上必须沾少量涂料，滚后方向应一致，操作要迅速。

三、木材表面施涂

1．木材表面施涂溶剂型涂料的主要工序

（1）木材表面施涂溶剂型混色涂料，按质量要求分为普通和高级两级。其主要工序见表8-15。

木材表面施涂溶剂型混色涂料的主要工序　　表8-15

项次	工序名称	普通涂料	高级涂料
1	清扫	+	+
2	铲去脂囊	+	+
3	磨砂纸	+	+
4	节疤处点漆片	+	+
5	干性油或带色干性油	+	+
6	局部刮腻子、磨光	+	+
7	腻子处涂干性油		
8	第一遍满刮腻子	+	+
9	磨光	+	+
10	第二遍满刮腻子		+
11	磨光		+
12	刷涂底涂料	+	+
13	第一遍涂料	+	+

续表

项次	工 序 名 称	普通涂料	高级涂料
14	复补腻子	+	+
15	磨光	+	+
16	湿布擦净	+	+
17	第二遍涂料	+	+
18	磨光（高级涂料用水砂纸）	+	+
19	湿布擦净	+	+
20	第三遍涂料	+	+

注：1. 表中“+”号表示应进行的工序。

2. 高级涂料做磨退时，宜用醇酸树脂涂料涂刷，并根据涂膜厚度增加1~2遍涂料和磨退、打砂蜡、打油蜡、擦亮工序。

（2）木材表面施涂清漆，按质量要求分为普通和高级两级。其主要工序见表8-16。

木材表面施涂清漆的主要工序 **表8-16**

项次	工 序 名 称	普通清漆	高级清漆
1	清扫、起钉子、除去油垢等	+	+
2	磨砂纸	+	+
3	润粉	+	+
4	磨砂纸	+	+
5	第一遍满刮腻子	+	+
6	磨光	+	+
7	第二遍满刮腻子		+
8	磨光		+
9	刷油色	+	+
10	第一编清漆	+	+
11	拼色	+	+
12	复补腻子	+	+
13	磨光	+	+

续表

项次	工 序 名 称	普通清漆	高级清漆
14	第二遍清漆	+	+
15	磨光	+	+
16	第三遍清漆	+	+
17	磨水砂纸		+
18	第四遍清漆		+
19	磨光		+
20	第五遍清漆		+
21	磨退		+
22	打砂蜡		+
23	打油蜡		+
24	磨亮		+

注：表中“+”号表示应进行的工序。

2. 木材表面施涂溶剂型涂料的施工要点

溶剂性涂料涂饰方法主要有：涂刷、喷涂、弹涂、滚涂和擦涂几种。

(1) 刷涂

溶剂性涂料刷涂主要分蘸油、摊油和理油三个步骤，其做法均是体现手工技巧。

1) 蘸油，事先将刷毛浸入稀料泡湿，然后甩掉刷毛上的多余稀料即入油蘸漆，入油（漆）深度不要超过刷毛的一半长度（避免刷毛根部造成油漆堆积），而后将刷头两面在容器内壁各拍打一下（使油漆进入刷毛端内并防止油漆滴坠），并略作捻转即迅速横提至涂刷面施涂。

2) 摊油，就是将刷具上的油漆铺于涂刷面，着力适中，由摊油段的上半部向上走刷，耗用油刷背面的漆料；而后再由上向下走刷，耗掉油漆正面的漆料。每刷摊油之间一般要留 5~6cm 的间隙（吸油的物面可不留间隙），在完成一部分面积的摊油之后，用不蘸油漆的刷子将摊好的油漆向横向和斜向荡刷均匀。

3）理油，用油刷顶部将上述摊油上下理顺，注意走刷平稳，用力均匀，油刷与物面垂直，每刷即将结束时要在运行间把刷子逐渐提起而留下茬口。在木质面理油应顺木纹方向操作，由上向下理油。对于粘度较大、挥发快、固体含量低并特别容易溶解底层涂料的硝基漆，应注意不得摊油，而是应该迅速涂刷，一气呵成。当感觉漆所发滑时，须尽快将漆料赶开，否则油漆堆积会溶解底层涂膜；每道不得过厚并同时注意选用吸油量大和着力较轻的排笔、羊毛刷等软毛刷具。

（2）喷涂，主要包括空气喷涂、高压无气喷涂及静电喷涂，其中应用最广泛的是空气喷涂，其次是高压无气喷涂。

溶剂性涂料喷涂前要充分搅拌，应以 120 目铜筛或 200 目细丝娟箩过滤；油漆涂料一般需加稀释剂调稀，假如数量约为漆重的 10%，但也不可过稀。不需喷涂的部位应采取各种遮挡措施。如果是在潮湿环境下喷涂，需加防潮剂以避免喷漆的发白现象，可用稀料加防潮剂薄喷一遍，发白现象即可消失。

对于喷枪喷嘴口径大小和空气压力高低的选择，须与喷涂面积、油漆种类和粘度相适宜。小口径喷嘴和较低的空气压力，适宜喷涂小面积和低粘度油漆；大口径喷嘴和较高的空气压力，适宜喷涂大面积粘度高的油漆。在不影响施工和涂膜质量的前提下，应尽量选用较低的空气压力、较小的喷嘴口径和粘度高的涂料。喷枪与被喷物面的距离一般为 150～300mm，硝基漆等快干涂料喷涂的最佳距离为 150～250mm，一些慢干涂料的喷涂距离可打 500～750mm。涂料粘度高时，距离宜近，否则涂料溶剂会在中途大量挥发，造成油漆涂膜粗糙疏松而无光泽；涂料粘度低时，喷枪与物面距离可适当放远，否则易发生重撞与流淌现象。喷枪操作时，必须作直线移动，不可作弧线移动，喷嘴与物面应始终保持垂直；喷枪移动速度应稳定不变，每分钟约为 10～12m，每段喷涂长度为 1500mm 左右。

（3）滚涂

溶剂性涂料滚涂操作工具为种类规格多样的滚筒，除普通形状的滚筒之外，还有各种异性滚筒专用于涂装特殊形状的物面，如滚涂墙角的铁饼形滚筒，滚涂管形面的曲形滚筒等。其筒套绒毛材料有合成纤维、马海毛和羔羊毛等。绒毛长度一般有4.5～40mm不同规格，以适应不同涂料的滚涂操作，比如5～9mm长度绒毛滚筒较适宜滚涂光滑面上的磁漆或无光油漆；10～19mm长度绒毛滚筒较适宜滚涂无光墙面和顶棚的瓷漆和无光漆；20～30mm绒毛长度的滚筒较适宜滚涂粗糙面或铁网等特殊部位的瓷漆或无光漆饰面。在蘸取油漆时只需浸入筒径的1/3即可，而后在托盘内的瓦楞斜板或提筒内的铁网上滚动几下使筒套浸透即可施涂。应有顺序的朝一个方向滚涂。有光或半光涂料的最后一遍涂层，应使用滚筒理一遍，顺木纹或朝强光照射方向滚理（也可采用油刷进行刷理）。

（4）擦涂

系用各种软质材料或专制漆擦蘸上油漆后，以精巧的技艺进行擦涂的油漆涂饰做法。用于擦涂操作的软质材料，多是选用竹丝、棉团和软布等，主要是涂擦填孔料、硝基漆、虫胶漆，以及擦色、擦蜡等。特别适用于木质面的油漆涂饰。漆擦多以泡沫橡胶、马海毛、尼龙纤维及羊皮制作，有方型和手套型，其配套的油漆容器为浅盘状，内装滚筒，漆擦蘸取油漆涂料时可在滚筒滚动中沾附。漆擦的擦涂主要是用于装饰细部油漆。

1）擦涂填孔料（老粉）可使用细软泡花、竹丝或棉丝，采取竖擦、横擦和圈擦操作。先蘸填孔料对整个物面进行圈擦，将填孔料填入木质面管孔，在其将干未干时再把表面的多余涂粉擦掉，先作圈擦，后顺木纹擦，注意用力均匀并四周擦到。不允许有穿心眼、横擦痕迹及四边积粉现象。对于水性填孔料，注意其着色力强的特点，细部位的擦涂应随涂随擦；大面积操作要迅速、均匀，尤须注意擦涂中的接茬重逢处，若擦粉不匀会形成颜色深浅不一。各线边脚等处的积粉，应细心剔除。

2）擦涂硝基漆　可使用尼龙丝团或包布棉花团，采取圈涂、横涂、直涂和直角涂四种擦涂方式。圈涂是将浸透硝基漆液的尼龙丝团或棉团在涂饰面上作圆形或椭圆形运动涂擦（顺时针或逆时针），其作用是将油漆涂料充分均匀地填入木材表面并使涂层逐渐加厚，减少物面的不平整度。横涂分八字和蛇形两种较规则涂擦，以利于油漆的均匀涂布及对下层的碾平和压实。直涂的目的是消除圈涂与横涂的痕迹，使涂层更加平整、坚实和光滑。直角涂是用捏成圆锥形的棉团于物面四角作直角形涂擦，将油漆均匀的擦涂于角落。

3）擦涂虫胶漆。作擦涂用的虫胶漆中的虫胶含量为30%~40%，纯度为83%~90%，使用过程中应逐渐稀释，最后擦涂的漆液大部分是酒精，只含少量漆片。操作时在每个局部不可多擦，只可来回擦涂两次。有棕眼的部位，要用棉团在蘸虫胶漆后再蘸浮石粉擦涂。大面积平面擦涂时，可将少量浮石粉或滑石粉撒匀，滴入少量豆油或亚麻仁油（以减轻用力并腻注管孔），再擦至填平棕眼。应注意现场温度须在18℃以上，相对湿度为65% ±5%，否则虫胶漆吸潮并涂膜泛白。在擦涂过程中不可停顿，否则停顿处的漆膜会增厚并颜色加深。同时还须注意，虫胶漆不可长期存放，贮存期不应超过四个月，宜于现场边配边用，其容器不得使用铁器（遇铁器漆色会变深）。

4）擦涂颜色。将颜色调成粥状，用毛刷呛色刷匀，每次面积约为0.5m^2，而后用已浸湿并拧干的细软布着力擦涂，将所有棕眼填平后再顺木纹将多余色浆擦除。各段必须在2~3min内完成，间隔时间也不宜过长，避免颜色干燥后出现各段接茬痕迹。物面全部擦涂完毕后，再用干布整体擦净一次。必须注意擦色以后的物面不可粘湿，以免在透明涂饰之后出现污迹。

5）擦涂砂蜡。先将砂蜡捻细浸在煤油内，使其成糊状。用棉纱蘸取砂蜡后顺木纹方向用力往复擦涂。擦涂面积由小到大，待表面出现光泽后，再用棉纱擦净表面多余砂蜡。此时漆膜表面的光泽尚不够透澈，再用棉纱蘸取少许煤油以同样方法反复擦涂至澄澈透亮为止，最后用清洁棉纱将残余的煤油擦拭干净。

聚胺酯漆面或硝基漆面若不使用砂蜡时，其抛光方法可采用酒精与稀释剂的混合液擦涂。聚胺酯漆膜的抛光材料为酒精与聚胺酯稀释剂的混合液；硝基漆膜的抛光材料是酒精与香蕉水的混合液。其具体配比应根据气温变化而适当掌握，当环境气温为25℃以上时，酒精∶稀释剂＝（6～7）∶（3～4）；气温为15～25℃时，酒精∶稀释剂＝1∶1。

四、金属表面施涂

1. 金属表面施涂涂料的主要工序

金属表面施涂涂料，按质量要求分为普通和高级两级，主要工序见表8-17。

金属表面施涂涂料的主要工序　　表8-17

项次	工序名称	普通级涂料	高级涂料
1	除锈、清扫、磨砂纸	+	+
2	刷涂防锈涂料	+	+
3	局部刮腻子	+	+
4	磨光	+	+
5	第一遍满刮腻子	+	+
6	磨光	+	+
7	第二遍满刮腻子		+
8	磨光		+
9	第一遍涂料	+	+
10	复补腻子	+	+
11	磨光	+	+
12	第二遍涂料	+	+
13	磨光	+	+

续表

项次	工 序 名 称	普通级涂料	高级涂料
14	湿布擦净	+	+
15	第三遍涂料	+	+
16	磨光（用水砂纸）		+
17	湿布擦净		+
18	第四遍涂料		+

注：1. 表中“+”号表示应进行的工序。

2. 薄钢板屋面、檐沟、落水管、泛水等施涂涂料，可不刮腻子。施涂防锈涂料不得少于两遍。

3. 高级涂料做磨退时，应用醇酸树脂涂料施涂，并根据涂膜厚度增加1~3遍涂料和磨退、打砂蜡、打油蜡、擦亮工序。

4. 金属构件和半成品安装前，应检查防锈涂料有无损坏，损坏处应补刷。

2. 金属表面涂饰的操作要点

金属材料表面作涂饰，应先将金属表面的灰尘、油渍、鳞皮、锈斑、焊渣和毛刺等清除干净；脏污、锈蚀、疏松和潮湿的表面不得进行涂料施工。其防锈漆和第一遍银粉涂料，应在设备和管道等安装就位前施涂；最后一道银粉涂料，应在刷浆工程完工后涂刷。

五、质量标准

各种涂料的涂饰质量和检验方法见表8-18~表8-22

涂料的涂饰质量和检验方法　　表8-18

项次	项　　目	普通装饰	高级涂饰	检验方法
1	颜色	均匀一致	均匀一致	观察
2	泛碱、咬色	允许少量轻微	不允许	
3	流坠、疙瘩	允许少量轻微	不允许	
4	砂眼、刷纹	允许少量轻微砂眼、刷纹通顺	无砂眼、无刷纹	
5	装饰线、分色线直线度允许偏差	2mm	1mm	拉5m线，不足5m拉通线用钢尺观察

厚涂料的涂饰质量和检验方法　　　　表 8-19

项次	项　目	普通涂饰	高级涂饰	检验方法
1	颜色	均匀一致	均匀一致	观察
2	泛碱、咬色	允许少量轻微	不允许	
3	点状分布	—	疏密均匀	

复层涂料的涂饰质量和检验方法　　　　表 8-20

项次	项　目	质量要求	检验方法
1	颜色	均匀一致	观察
2	泛碱、咬色	不允许	
3	喷点疏密程度	均匀、不允许连片	

色漆的涂饰质量和检验方法　　　　表 8-21

项次	项　目	普通涂饰	高级涂饰	检验方法
1	颜色	均匀一致	均匀一致	观察
2	光泽、光滑	光泽基本均匀 光滑无挡手感	光泽均匀 一致光滑	观察、 手模检查
3	刷纹	刷纹通顺	无刷纹	观察
4	裹棱、流坠、皱皮	明显处不允许	不允许	观察
5	装饰线、分色线 直线度允许偏差	2mm	1mm	拉 5m 线，不足 5m 拉通线用 钢尺检查

清漆的涂饰质量和检验方法　　　　表 8-22

项次	项　目	普通涂饰	高级涂饰	检验方法
1	颜色	基本一致	均匀一致	观察
2	木纹	棕眼刮平、 木纹清楚	棕眼刮平、 木纹清楚	观察
3	光泽、光滑	光泽基本均匀 光滑无挡手感	光泽均匀 一致光滑	观察、手模检查
4	刷纹	无刷纹	无刷纹	观察
5	裹棱、流 坠、皱皮	明显处 不允许	不允许	观察

第四节　门 窗 工 程

一、木门窗安装

1. 门窗框的安装

（1）安装方法

门窗框有两种安装方法，一是先立口法，即在砌墙前把门窗框按图纸位置立直、找正，并固定好。这种施工方法必须在施工前把门窗框做好运至现场。二是后塞口法，即在砌墙时预先按门窗尺寸留好洞口，在洞口两边预埋木砖，然后将门窗框塞入洞内，在木砖处垫好木片，并用钉子钉牢（预埋木砖的位置应避开门窗扇安装铰链处）。

（2）施工要点

① 先立口安装施工。

a. 当砌墙砌到室内地坪时，立门框；砌到窗台时，立窗框。

b. 立口前，按照图纸上门窗的位置、尺寸，把门窗的中线和边线画到地面或墙上。然后，把窗框立在相应的位置上，用临时支撑撑住，用线坠和水平尺找平找直，并检查框的标高是否正确，如有不平不直之处要随即纠正。不垂直可挪动支撑加以调整，不平处，可垫木片或砂浆调整。支撑不应过早拆除，应在墙身砌完后拆除为好。

c. 砌墙过程中不要碰动支撑，并应随时对门窗框进行校正，防止门窗框出现位移、歪斜等现象。砌到放木砖的位置时，要校核是否垂直，如有不直，在放木砖时要随时纠正。否则，木砖砌入墙内，将门窗框固定，就难以纠正。每边的木砖不少于2～3块。

d. 同一面墙的木门窗框应安装整齐。可先立两端的门窗框然后拉一通线，其他的框按通线竖立。这样可保证同排门框的位置和窗框的标高一致。

② 后塞口安装施工

a. 门窗洞口要按图纸上的位置和尺寸留出。洞口应比门窗口大 30～40mm（每边大 15～20mm）。

b. 砌墙时，洞口两侧按规定砌入木砖，木砖大小约为半砖，间距不大于 1.2m，每边 2～3 块。

c. 安装门、窗框时，先把门、窗框塞进门窗洞内，用木楔临时固定，用线锤和水平尺校正后，用钉子把门窗框钉牢在木窗上，每个木砖上应钉两颗钉子，钉帽砸扁冲入梃内。

2. 门窗扇的安装

（1）施工准备

① 安装门、窗扇前，先要检查门窗框上、中、下三部分是否一样宽，如果相差超过 5mm，就必须修整。

② 核对门、窗扇的开启方向，并打记号，以免把扇安错。

③ 安装扇前，应量出门窗框口的净尺寸，并考虑风缝（松动）的大小，确定扇的宽度和高度，并进行修刨。将门扇定于门窗框中，并检查与门窗框配合的松紧度。由于木材有干缩湿胀的性质，而且门窗扇、门窗框上都需要有油漆及打底层的厚度，所以安装时要留缝。一般门扇对口处竖缝留 1.5～2.5mm，窗扇竖缝为 2mm。并按此尺寸进行修刨。

（2）施工工艺

① 将修刨好的门窗扇，用木楔临时立于门窗框中，排好缝隙后画出铰链位置。铰链位置距上、下边的距离宜是门扇宽度的 1/10，这个位置对铰链受力比较有利，又可避开榫头。然后把扇取下来，用扇铲剔出铰链页槽。铰链页槽应外边浅，里边深，其深度应当是把铰链合上后与框、扇平正为准。剔好铰链槽后，将铰链放入，上下铰链各拧一颗螺钉把扇挂上，检查缝隙是否符合要求，扇与框是否齐平，扇能否正常起闭。检查合格后，再把螺钉全部上齐。

② 双扇门窗扇安装方法与单扇的安装基本相同，只是多一道工序——错口。双扇应按开启方向看，右手是门盖口，左手门是等口。

③ 门窗扇安装好后要试开，其标准是：以开到那里就能停

到那里为好，不能有自开或自关的现象。如果发现门窗扇在高、宽上有短缺的情况，高度上应将补钉的板条钉在下帽头下面，宽度上，在安装铰链一边的梃上补钉板条。

④ 为了开关方便，平开扇上、下帽头最好刨成斜面。

3. 木门窗的制作与安装的质量标准

木门窗的制作的允许偏差和检验方法见表8-23。

木门窗的制作的允许偏差和检验方法　　表8-23

项次	项　目	构件名称	允许偏差（mm）		检验方法
			普通	高级	
1	翘曲	框	3	2	将框、扇平放在检查平台上，用塞尺检查
		扇	2	2	
2	对角线长度差	框、扇	3	2	用钢尺检查，框量裁口里角、扇量外角
3	表面平整度	扇	2	2	用1m靠尺和塞尺检查
4	高度、宽度	框	0；-2	0；-1	用钢尺检查，框量裁口里角、扇量外角
		扇	+2；0	+1；0	
5	裁口、线条结合处高低差	框、扇	1	0.5	用钢直尺和塞尺检查
6	相邻棂子两端间距	扇	2	1	用钢直尺检查

木门窗安装的留缝限值、允许偏差和检验方法见表8-24。

木门窗安装的留缝限值、允许偏差和检验方法　　表8-24

项次	项　目	留缝限值（mm）		允许偏差（mm）		检验方法
		普通	高级	普通	高级	
1	门窗槽口对角线长度差	—	—	3	2	用钢尺检查
2	门窗框的正、侧面垂直度	—	—	2	1	用1m垂直检测尺检查

续表

<table>
<tr><th rowspan="2">项次</th><th rowspan="2" colspan="2">项　目</th><th colspan="2">留缝限值（mm）</th><th colspan="2">允许偏差（mm）</th><th rowspan="2">检验方法</th></tr>
<tr><th>普通</th><th>高级</th><th>普通</th><th>高级</th></tr>
<tr><td>3</td><td colspan="2">框与扇、扇与扇接缝高低差</td><td>—</td><td>—</td><td>2</td><td>1</td><td>用钢直尺和塞尺检查</td></tr>
<tr><td>4</td><td colspan="2">门窗扇对口缝</td><td>1~2.5</td><td>1.5~2</td><td>—</td><td>—</td><td rowspan="5">用塞尺检查</td></tr>
<tr><td>5</td><td colspan="2">门窗扇与上框间留缝</td><td>1~2</td><td>1~1.5</td><td>—</td><td>—</td></tr>
<tr><td>6</td><td colspan="2">门窗扇与侧框间留缝</td><td>1~2.5</td><td>1~1.5</td><td>—</td><td>—</td></tr>
<tr><td>7</td><td colspan="2">窗扇与下框间留缝</td><td>2~3</td><td>2~2.5</td><td>—</td><td>—</td></tr>
<tr><td>8</td><td colspan="2">门扇与下框间留缝</td><td>3~5</td><td>3~4</td><td>—</td><td>—</td></tr>
<tr><td>9</td><td colspan="2">双层门窗内外框间距</td><td>—</td><td>—</td><td>4</td><td>3</td><td>用钢尺检查</td></tr>
<tr><td rowspan="4">10</td><td rowspan="4">无下框时门扇与地面间留缝</td><td>外门</td><td>4~7</td><td>5~6</td><td>—</td><td>—</td><td rowspan="4">用塞尺检查</td></tr>
<tr><td>内门</td><td>5~8</td><td>6~7</td><td>—</td><td>—</td></tr>
<tr><td>卫生间门</td><td>8~12</td><td>8~10</td><td>—</td><td>—</td></tr>
<tr><td>厂房大门</td><td>10~20</td><td>—</td><td>—</td><td>—</td></tr>
</table>

二、铝合金门窗安装

1. 铝合金门安装

(1) 安框：将刨好的门框在抹灰前立于门口处，用吊线坠吊直，然后卡方，以两条对角线相交为佳。安放在门口内适当位置（即与外墙边线水平或在墙中），用木楔将三边固定。在确认门框水平、垂直、无扭曲后，用射钉枪将射钉打入柱、墙、梁上，将连接件与框固定在墙、柱、梁上。框的下部要埋入地下，埋入深度为30~150mm。

(2) 塞缝：门框固定好后，复查平整度和垂直度，再扫清边框处浮土，洒水湿润基层，用1:2水泥砂浆将门口与门框间的缝隙分层填实。待塞灰达到一定强度后，再拔去木楔，抹平表面。

（3）装扇：扇与框安装要求周边密封，开闭灵活。开启扇分内、外平开门、弹簧门、推拉门、自动推拉门。内外平开门在门上框钻孔伸入门轴，门下地面埋设地脚，装置门轴，弹簧门上部做法同平开门，门框上横档中安装门轴（定位销轴），下部埋设地弹簧，地面需预先留洞或后开洞，地弹簧埋设后要与地面平齐，然后灌细石混凝土，再抹平地面层。地弹簧的摇臂与门扇下帽头两侧拧紧。推拉门要在上框内做导轨和滑轮，也有在地面上做导轨，在门扇下帽头做滑轮的。自动门的控制装置有脚踏式，装于地面上。光电感应控制开关的设备装于上框上。

（4）装玻璃：应配合门料的规格、色彩选用玻璃，安装5~10mm厚普通玻璃或彩色玻璃及10~22mm厚中空玻璃。首先，按照门扇内口的实际尺寸合理配料，尽量少生产边角废料，裁割前可比实际尺寸少3mm，以便安装。裁割后分类堆放，小面积安装，可随裁随安。安装时先撕去门框的保护胶纸，在型材安装玻璃部位支塞胶带，用玻璃吸盘安入平板玻璃，前后垫实，使缝隙一致，然后再塞入橡胶条密封，或用铝压条拧十字圆头螺钉固定。

（5）打胶、清理：大片玻璃与框扇接缝处，要用玻璃胶筒打入玻璃胶，整个门安装好后，以干净抹布擦洗表面，清理干净后交付使用。

（6）安装拉手

最后，用双手螺杆将门拉手上在门扇边框两侧。

2. 铝合金窗安装

（1）推拉窗安装

1）窗框与砖墙安装：砖墙的洞先用水泥修平整，窗洞尺寸要比铝合金窗框尺寸大，四周各边均大25~35mm。在铝合金窗框上安装角码或木块，每条边上各安装两个。角码需要用水泥钉钉固在窗洞墙内。

对装于洞中的铝合金窗框，进行水平和垂直度校正。校正完毕后用木楔块把窗框临时固紧在窗洞中，然后用保护胶带纸把窗框周边贴好。

窗框周边填塞口水泥时，水泥浆要有较大的稠度，以能用手握成团为准。水泥要填实，将水泥浆用灰刀压入填缝中，填好后窗框周边抹平。

2）窗扇安装：塞口水泥固结后，撕下保护胶纸带，便可进行窗扇的安装。窗扇安装前，先检查一下窗扇上的各条密封毛条，有否少装或脱落现象。如果有脱落现象，应用玻璃胶或橡胶类胶水粘结，然后用螺丝刀拧旋边框侧的滑轮调节螺钉，使滑轮向下横档槽内回缩。这样即可托起窗扇，使其顶部插入窗框的上滑槽中，使滑轮卡在下滑的滑轮轨道上，然后拧旋滑轮调节螺钉，使其顶部插入窗框的上滑槽中，使滑轮卡在下滑的滑轮轨道上，然后拧旋滑轮调节螺钉，使滑轮从下横档内外伸。外伸量通常以下横档内的长毛条刚好能与窗框下滑面接触为准，以便使下横档上的毛条起到较好的防尘效果，同时窗扇在滑轨上也可移动顺畅。

3）上窗玻璃安装：上窗玻璃的尺寸必须比上窗内框尺寸小5mm左右，不能安装得与内框相接触。因为玻璃在阳光的照射下，会受热膨胀。如果安装玻璃与窗框接触，受热膨胀后往往造成玻璃开裂。

上窗玻璃安装较简单，安装时只要把上窗铝压条取下一侧（内侧），安上玻璃后，再装回窗框上，拧紧螺钉即可。

4）窗钩锁挂钩安装：窗钩锁的挂钩安装于窗框的边封凹槽内。挂钩的安装位置尺寸要与窗扇上挂钩锁洞的位置相对应。挂钩的钩平面一般可位于锁洞孔的中心线处。根据这个对应位置，在窗框边封凹槽内画线打孔。钻孔直径ϕ4mm，用M5自攻螺钉将锁钩临时固紧，然后移动窗扇到窗框边封槽内，检查窗扇锁可否与锁钩相接窗锁定。如果不行，则需检查是否锁钩位置高低的问题，或锁钩左右偏斜问题，只要将锁钩螺钉拧松，向上或向下调整好再紧固螺钉即可。偏斜问题则需测一下偏斜量，再重新打孔固定，直至能将窗扇锁定。

（2）平开窗与安装

1）窗框安装

① 安装平开窗的砖墙窗洞，首先用水泥修平，窗洞尺寸大于铝合金平开窗框30mm左右；然后，在铝合金平开窗框四周安装镀锌锚固板，每边两个。

② 对装入窗洞中的铝合金窗框，进行水平和垂直度校正，并用木楔块把窗框临时紧固在墙的窗洞中，再用水泥钉将锚固板固定在窗洞的墙边。

③ 铝合金窗框边贴好保护胶带纸，然后再进行周边水泥塞口和修平，待水泥固结后再撕去保护胶带纸。

2）平开窗组装

平开窗组装的内容有：上窗安装、窗扇安装、装窗扇拉手及玻璃、装执手和风撑。

① 上窗安装：如果上窗是固定的，可将玻璃直接安放在窗框的横向工字形铝合金上，然后用玻璃压线条固定玻璃，并用塔形橡胶条或玻璃胶密封。如果上窗是可以开启的一扇窗，可按窗扇的安装方法先装好窗扇，再在山窗窗顶部装两个铰链，下部装一个风撑、一个拉手即可。

② 装执手和风撑基座：执手是用于将窗扇关闭时的扣紧装置，风撑则是起到窗扇的铰链和决定窗扇开闭角度的重要配件。风撑有90°和60°两种规格。

执手的把柄装在窗框中间竖向工字形铝合金料的室内一侧，两扇窗需装两个执手。执手的安装位置尺寸一般在窗扇高度的中间位置。执手与窗框竖向工字料的连接用螺钉固定。与执手相配的扣件装于窗扇的侧边，扣件用螺钉与窗扇框固定。在扣紧窗扇时，执手连动杆上的钩头，可将装在窗扇框边相应位置上扣件钩住，窗扇便能扣锁住了。有的窗扇高度大于100mm时，也可安装两个执手。

风撑的基座装于窗框架上，使风撑藏在窗框架和窗扇框架之间的空位中，风撑基底用抽芯铝铆钉与窗框的内边固定，每个窗扇的上、下边都需装一只风撑，所以与窗扇对应窗框上、下都要装好风撑。安装风撑的操作应在窗框架连接完毕后，即在窗框架与墙面窗洞安装前进行。

安装风撑基座时，先将基座放在窗框下边靠墙的角位上，用手电钻通过风撑基座上的固定孔在窗框上钻孔，再用与风撑基座固定孔相同直径的铝抽芯铆钉，将风撑基座固定。

③ 窗扇与风撑连接：窗扇与风撑的连接有两点：一处是与风撑的小滑块，一处是风撑的支杆。这两点又是定位在一个连杆上，与窗扇框固定连接。该连杆与窗扇固定时，先移动连杆，使风撑开启到最大位置，然后将窗扇框与连杆固定。

④ 装拉手及玻璃：拉手是安装在窗扇框的竖向边框中部，窗扇关闭后，拉手的位置与执手靠近。装拉手前先在窗扇竖向边框中部，用锉刀或铣刀把边框上压线条的槽锉一个缺口，再把装在该处的玻璃压线条切一个缺口，缺口大小按拉手尺寸而定。然后，钻孔用自攻螺钉将把手固定在窗扇边框上。

玻璃的尺寸应小于窗扇框内边尺寸15mm左右。将裁好的玻璃放入窗扇框内边，并立刻把玻璃压线条装卡到窗扇框内边的卡槽上。然后，在玻璃的内外边各压上塔形密封橡胶条。

在平开窗的安装工作中，最主要的是掌握好斜角对口的安装。斜角对口要求尺寸准确，角度准确，加工细致。如果在窗框、扇框连接后，仍然有些角位对口不密合，可用与铝合金相同色的玻璃胶补缝。

平开窗与墙面窗洞的安装，有先装窗框架，再安装窗扇的方法，也有先将整个平开窗完全装配好之后，再与墙面窗洞安装。具体采用哪种方法可根据不同情况而定。一般大批量的安装制作时，可用前种方法；而少量的安装制作可用后种方法。

3. 铝合金门窗安装质量检验

铝合金门窗安装的允许偏差和检验方法见表8-25。

铝合金门窗安装的允许偏差和检验方法　　表 8-25

项次	项目		允许偏差（mm）	检验方法
1	门窗槽口宽度、高度	≤1500mm	1.5	用钢尺检查
		>1500mm	2	
2	门窗槽口对角线长度差	≤2000mm	3	用钢尺检查
		>2000mm	4	
3	门窗框的正、侧面垂直度		2.5	用垂直检测尺检查
4	门窗横框的水平度		2	用 1m 水平尺和塞尺检查
5	门窗横框标高		5	用钢尺检查
6	门窗竖向偏离中心		5	用钢尺检查
7	双层门窗内外框间距		4	用钢尺检查
8	推拉门窗扇与框搭接量		1.5	用钢直尺检查

三、塑料门窗的安装

1. 安装施工准备

（1）材料

1）塑料门窗：多为工厂制作的成品，并有五金配件。

2）其他材料；木螺钉、平头螺钉、塑料膨胀螺栓、自攻螺钉、钢钉、木楔、密封条、密封膏、抹布等。

（2）机具

塑料门窗的安装机具，主要有冲击钻、射钉枪、螺丝刀、锤子、吊线坠、灰线包等。

（3）作业条件

1）门窗洞口质量检查。即按设计要求检查门窗洞口的尺寸。若无设计要求，一般应满足下列规定：门洞口宽度加50mm；门洞口高度为门框高加 20mm；窗洞口宽度为窗框宽加40mm；窗洞口高度为窗框高加 40mm。门窗洞口尺寸的允许偏差值为：洞口表面平整度允许偏差 3mm；洞口正、侧面垂直度允许偏差 3mm；洞口对角线长度允许偏差 3mm。

2）检查洞口的位置、标高与设计要求是否相符。

3）检查洞口内预埋木砖的位置、数量是否准确。

4）按设计要求弹好门窗安装位置线。

5）安装好脚手架。

2. 塑料门窗的安装方法

（1）门窗框与墙体的连接

塑料门窗框与墙体的固定方法，常见的有连接件法、直接固定法和假框法三种。

1）连接件法。这是用一种专门制作的铁件将门窗框与墙体相连接，是我国目前运用较多的一种方法。其优点是比较经济，且基本上可以保证门窗的稳定性。连接件法的做法是先将塑料门窗放入窗洞口内，找平对中后用木楔临时固定。然后，将固定在门窗框异型材靠墙一面的锚固铁件用螺钉或膨胀螺栓固定在墙上。

2）直接固定法。在砌筑墙体时先将木砖预埋入门窗洞口内，当塑料门窗安入洞口并定位后，用木螺钉直接穿过门窗框与预埋木砖连接，从而将门窗框直接固定于墙体上。

3）假框法。先在门窗洞口内安装一个与塑料门窗框相配套的镀锌薄钢板金属框，或者当木门窗换成塑料门窗时，将原来的木门窗框保留，待抹灰装饰完成后，再将塑料门窗框直接固定在上述框材上，最后再用盖口条对接缝及边缘部分进行装饰。

（2）确定连接点的位置

1）确定连接点的位置时，首先应考虑能使门窗扇通过合叶作用于门窗框的力，尽可能直接传递给墙体。

2）确定连接点的数量时，必须考虑防止塑料门窗在温度应力、风压及其他静荷载作用下可能产生的变形。

3）连接点的位置和数量，还必须适应塑料门窗变形较大的特点，保证在塑料门窗与墙体之间微小的位移，不致影响门窗的使用功能。

4）在合叶的位置应设连接点，相邻两连接点的距离不应大于700mm。在横档或竖框的地方不宜设连接点，相邻的连接点应在距其15mm处。

（3）框与墙间缝隙处理

1）由于塑料的膨胀系数较大，故要求塑料门窗框与墙体间应留出一定宽度的缝隙，以适应塑料伸缩变形的安全余量。

2）框与墙间的缝隙宽度，可根据总跨度、膨胀系数、年最大温差计算出最大膨胀量，再乘以要求的安全系数求出，一般取10～20mm。

3）框与墙间的缝隙，应用泡沫塑料条或油毡卷条填塞，填塞不宜过紧，以免框架变形。门窗框四周的内外接缝隙应用密封材料嵌填严密。也可以采用硅橡胶嵌缝条，不宜采用嵌填水泥砂浆的做法。

4）不论采用何种填缝方法，均要求做到以下两点：

① 嵌填封缝材料应能承受墙体与框间的相对运动而保持密封性能。

② 嵌填封缝材料不应对塑料门窗有腐蚀、软化作用，沥青类材料可能使塑料软化，故不宜使用。

5）嵌填密封完成后，就可以进行墙面抹灰。工程有要求时，最后还需加装塑料盖口条。

（4）五金配件安装

塑料门窗安装五金配件时，必须先在杆件上钻孔，然后用自攻螺钉拧入，严禁在杆件上直接锤击钉入。

（5）清洁

门框扇安装后应暂时取下门扇，编号单独保管。门窗洞分刷时，应将门窗表面贴纸保护。粉刷时如框扇沾上水泥浆，应立即用软料抹布擦洗干净，切勿使用金属工具擦刮。粉刷完毕，应及时清除玻璃槽口内的渣灰。

3. 塑料门窗安装质量检验

塑料门窗安装的允许偏差和检验方法见表8-26。

塑料门窗安装的允许偏差和检验方法　　表 8-26

项次	项目		允许偏差（mm）	检验方法
1	门窗槽口宽度、高度	≤1500mm	2	用钢尺检查
		>1500mm	3	
2	门窗槽口对角线长度差	≤2000mm	3	用钢尺检查
		>2000mm	5	
3	门窗框的正、侧面垂直度		3	用 1m 垂直检测尺检查
4	门窗横框的水平度		3	用 1m 水平尺和塞尺检查
5	门窗横框标高		5	用钢尺检查
6	门窗竖向偏离中心		5	用钢直尺检查
7	双层门窗内外框间高度距		4	用钢尺检查
8	同樘平开门窗相邻扇高度差		2	用钢直尺检查
9	平开门窗铰链部位配合间隙		+2；-1	用塞尺检查
10	推拉门窗扇与框搭接量		+1.5；-2.5	用钢直尺检查
11	推拉门窗扇与竖框平行度		2	用 1m 水平尺和塞尺检查

四、全玻璃装饰门

全玻璃装饰门所用玻璃多为厚度在 12mm 以上的平板白玻璃、雕花玻璃、钢化玻璃及彩印图案玻璃等，有的设有金属扇框，有的活动门扇除玻璃之外只有局部的金属边条。框、扇、拉手等细部的金属装饰多是镜面不锈钢、镜面黄铜等高档材料。

1. 玻璃门固定扇的安装

(1) 施工准备

安装玻璃之前，门框的不锈钢板或其他饰面包覆安装应完成，地面的装饰施工也应已经完毕。门框顶部的玻璃安装限位槽已留出，其限位槽的宽度应大于所用玻璃厚度 2~4mm，槽深 10~20mm。

不锈钢（或铜）饰面的木底托，可用木楔加钉的方法固定于地面，然后再用万能胶将不锈钢饰面板粘卡在木方上。如果是采用铝合金方管，可用铝角将其固定在框柱上，或用木螺钉固定于地面埋入的木楔上。

厚玻璃的安装尺寸，应从安装位置的底部、中部和顶部进行测量，选择最小尺寸为玻璃板宽度的切割尺寸。如果在上、中、下测得的尺寸一致，其玻璃宽度的裁割应比实测尺寸小2～3mm。玻璃板的高度方向裁割，应小于实测尺寸3～5mm。玻璃板裁割后，应将其四周作倒角处理，倒角宽度为2mm；如若在现场自行倒角，应手握细砂轮块作缓慢细磨操作，防止崩角崩边。

（2）安装玻璃板

用玻璃吸盘将玻璃板吸紧，然后进行玻璃就位。应先把玻璃板上边插入门框底部的限位槽内，然后将其下边安放于木底托上的不锈钢包面对口缝内。

在底托上固定玻璃板的方法为：在底托木方上钉木板条，距玻璃板面4mm左右；然后，在木板条上涂刷万能胶，将饰面不锈钢板片粘卡在木方上。

（3）注胶封口

玻璃门固定部分的玻璃板就位以后，即在顶部限位槽处和底部的底托固定处，以及玻璃板与框柱的对缝处等各缝隙处，均注胶密封。首先，将玻璃胶开封后装入打胶枪内，即用胶枪的后压杆端头板顶住玻璃胶罐的底部；然后，一只手托住胶枪身，另一只手握着注胶压柄不断松压循环地操作压柄，将玻璃胶注于需要封口的缝隙端。由需要注胶的缝隙端头开始，顺缝隙匀速移动，使玻璃胶在缝隙处形成一条均匀的直线。最后，用塑料片刮去多余的玻璃胶，用棉布擦净胶迹。

（4）玻璃板之间的对接

门上固定部分的玻璃板需要对接时，其对接缝应有2～4mm的宽度，玻璃板边部要进行倒角处理。当玻璃块留缝定位并安装稳固后，即将玻璃胶注入其对接的缝隙，用塑料片在玻璃板对缝的两面把胶刮平，用布擦净胶料残迹。

2. 玻璃活动门扇安装

全玻璃活动门扇的结构没有门扇框，门扇的启闭由地弹簧实现，地弹簧与门扇的上下金属横档进行铰接。

玻璃门扇的安装方法与步骤如下：

（1）门扇安装前，应先将地面上的地弹簧和门扇顶面横梁上的定位销安装固定完毕，两者必须统一装轴线，安装时应吊垂线检查，做到准确无误，地弹簧转轴与定位销为同一中心线。

（2）在玻璃门扇的上下金属横档内画线，按线固定转动销的销孔板和地弹簧的转动轴连接板。具体操作可参照地弹簧产品安装说明。

（3）玻璃门扇的高度尺寸，在裁割玻璃板时应注意包括插入上下横档的安装部分。一般情况下，玻璃高度尺寸应小于测量尺寸5mm左右，以便于安装时进行定位调节。

（4）把上下横档（多采用镜面不锈钢成型材料）分别装在厚玻璃门扇上下端，并进行门扇高度的测量。如果门扇高度不足，即其上下边距门横及地面的缝隙超过规定值。可在上下横档内加垫胶合板条进行调节。如果门扇高度超过安装尺寸，只能由专业玻璃工将门扇多余部分裁去。

（5）门扇高度确定后，即可固定上下横档，在玻璃板与金属横档内的两侧空隙处，由两边同时插入小木条，轻敲稳实，然后在小木条、门扇玻璃及横档之间形成的缝隙中注入玻璃胶。

（6）进行门扇定位安装。先将门框横梁上的定位销本身的调节螺钉调出横梁平面1~2mm，再将玻璃门扇竖起来，把门扇下横档内的转动销连接件的孔位对准地弹簧的转动销轴，并转动门扇将孔位套入销轴上。然后把门扇转动90°使之与门框横梁成直角，把门扇上横档中的转动连接件的孔对准门框横梁上的定位销，将定位销插入孔内15mm左右（调动定位销上的调节螺钉）。

（7）安装门拉手

全玻璃门扇上的拉手孔洞，一般是事先订购时就加工好的，拉手连接部分插入孔洞时不能很紧，应略有松动。安装前在拉手插入玻璃的部分涂少许玻璃胶；如若插入过松，可在插入部分裹上软质胶带。拉手组装时，其根部与玻璃贴靠紧密后再拧紧固定螺钉。

第五节　楼地面工程

一、水泥地面施工

1. 水泥砂浆面层

水泥砂浆面层是以水泥作胶凝材料，砂作骨料，在现场按配合比配制抹压而成。

（1）材料要求

水泥砂浆面层所用水泥，应优先采用硅酸盐水泥、普通硅酸盐水泥，强度等级不得低于 C30，因为上述品种水泥与其他品种的水泥相比，具有早期强度高、水化热较高和在凝结硬化过程中干缩值较小等优点。如采用矿渣硅酸盐水泥，强度等级不得低于 C40，在施工中要严格按施工工艺操作，且要加强养护，方能保证工程质量。

水泥砂浆面层所用的砂，应采用中砂和粗砂，含泥量不得大于 3%，因为细砂拌制的砂浆强度要比粗、中砂拌制的砂浆强度约低 25%~35%，不仅其耐磨性差，而且还有干缩性大、容易产生收缩裂缝等缺点。

（2）施工方法

1）基层处理

水泥砂浆面层多铺抹在楼、地面混凝土、水泥炉渣、碎砖三合土等垫层上，垫层处理是防止水泥砂浆面层空鼓、裂纹、起砂等质量通病的关键工序。因此，要求垫层应具有粗糙、洁净、潮湿的表面，必须仔细清除一切浮灰、油渍、杂质；否则形成一层隔离层，会使面层结合不牢。表面比较光滑的基层，应进行凿毛，并用清水冲洗干净，冲洗后的基层，最好不要上人。在现浇混凝土或水泥砂浆垫层、找平层上做水泥砂浆地面面层时，其抗压强度达到1.2MPa后，才能铺设面层，这样不致破坏其内部结构。地面铺设前，还要将门框再一次校核找正。其方法是先将门框锯口线抄平校正，并注意当地面面层铺设后，门扇与地面的间隙应符合规定要求，然后将门框固定，防止松动、位移。

2）找规矩

① 弹准线。地面抹灰前，应先在四周墙上弹出一道水平基准线，作为确定水泥砂浆面层标高的依据。水平基线是以地面±0.000及楼层砌墙前的抄平点为依据，一般可根据情况弹在标高100cm的墙上。弹准线时，要注意按设计要求的水泥砂浆面层厚度弹线。

② 做标筋。根据水平基准线再把楼地面面层上皮的水平辅助基准线弹出。面积不大的房间，可根据水平基准线直接用长木杠抹标筋，施工中进行几次复尺即可。面积较大的房间，应根据水平基准线，在四周墙角处每隔1.5~2.0m用1:2水泥砂浆抹标志块，标志块大小一般是8~10cm见方。待标志块结硬后，再以标志块的高度做出纵横方向通长的标筋以控制面层的厚度。地面标筋用1:2水泥砂浆，宽度一般为8~10cm。做标筋时，要注意控制面层厚度，面层的厚度应与门框的锯口线吻合。

对于厨房、浴室、厕所等房间的地面，必须将流水坡度找好；有地漏的房间，要在地漏四周找出不小于5%的泛水，并要弹好水平线，避免地面“倒流水”或积水。抄平时，要注意各室内地面与走廊高度的关系。

3）操作要求

面层水泥砂浆的配合比应符合设计有关要求，一般不低于1:2，水灰比为0.3~0.4，其稠度不大于3.5cm。水泥砂浆要求拌和均匀，颜色一致。

铺抹前，先将基层浇水湿润，第二天先刷一道水灰比为0.4~0.5的水泥浆结合层，随即进行面层铺抹。如果水泥素浆结合层过早涂刷，则起不到与基层和面层两者粘结的作用，反而易造成地面空鼓。所以，一定要随刷随抹。

地面面层的铺抹方法是在标筋之间铺砂浆，随铺随用木抹子拍实，用短木杠按标筋标高刮平。刮时要从房间由里往外刮到门口，符合门框锯口线标高，然后再用木抹子搓平，并用铁皮抹子紧跟着压第一遍。要压得轻一些，使抹子纹浅一些，以压光后表面不出现水纹为宜。如面层有多余的水分，可根据水分的多少适当均匀地撒一层干水泥或干拌水泥、砂来吸取面层表面多余的水分，再压实压光（但要注意，如表面无多余的水分，不得撒干水泥或水泥、砂），同时把踩的脚印压平并随手把踢脚板上的灰浆刮干净。

当水泥砂浆开始初凝时，即人踩上去有脚印但不塌陷，即可开始用钢皮抹子压第二遍。要压实、压光、不漏压，抹子与地面接触时，发出“沙沙”声，并把死坑、砂眼和踩的脚印都压平。第二遍压光最重要，表面要清除气泡、孔隙，做到平整、光滑。等到水泥砂浆终凝前，人踩上去有细微脚印，抹子抹上去不再有抹子纹时，再用铁皮抹子压第三遍。抹压时用劲要稍大些，并把第二遍留下的抹子纹、毛细孔压平、压实、压光。

当地面面积较大或设计要求分格时，应根据地面分格线的位置和尺寸，在墙上或踢脚板上画好分格线位置，在面层砂浆刮抹搓平后，根据墙上或踢脚板上已画好的分格线，先用木抹子搓出一条约一抹子宽的面层，用铁抹子先行抹平，轻轻压光，再用粉线袋弹上分格线，将靠尺放在分格线上，用地面分格器紧贴靠尺顺线画分格缝。分格缝做好后，要及时把脚印、工具印子等刮平、搓平整。待面层水泥终凝前，再用铁皮抹子压平、压光，把分格缝理直压平。

水泥地面压光要三遍成活，每遍抹压的时间要掌握适当，以保证工程质量。压光过早或过迟，都会造成地面起砂等质量事故。

4）养护和成品保护

面层抹完后，在常温下铺盖草垫或锯木屑进行浇水养护，养护时间不少于7d。如采用矿渣水泥，则不少于14d面层强度达5MPa后，才允许人在地面上行走或进行其他作业。

2. 混凝土面层

混凝土面层绝大多数为细石混凝土面层，也有现浇混凝土楼板或混凝土垫层随捣随抹面层。

(1) 细石混凝土面层

一般细石混凝土面层的强度等级要求不低于C20，所用碎石或卵石，要求级配良好，粒径不大于15mm或面层厚度的2/3，含泥量不大于2%，浇筑时的混凝土坍落度不大于3cm。细石混凝土面层施工的基层处理和找规矩的方法与水泥砂浆面层施工相同。

1) 操作要点

细石混凝土必须搅拌均匀，铺设时，应由里面向门口方向，按由远向近的原则铺设。铺设的细石混凝土，按冲筋厚度刮平拍实后，待混凝土稍收水，即用铁抹子预压一遍，使地面平整，不使石子显露，或用铁滚筒来回交叉滚压3~5遍，低洼处用混凝土填补，滚至表面出浆，如泛上的浆水呈均匀细花纹状，则表明已滚压密实，可以进行压光工作。抹光工作基本与水泥砂浆面层施工相同，要求抹2~3遍，使其表面色泽一致，表面光滑无抹子印迹。细石混凝土面层与水泥砂浆面层施工一样，必须强调的是，在水泥初凝前完成抹平工作，水泥终凝前完成压光工作，以避免面层产生脱皮和裂缝等质量弊病，保证面层强度。

2) 养护及成品保护

细石混凝土面层铺设后1d内，可用锯木屑、砂或其他材料覆盖，洒水湿润，并在常温下养护，养护时间一般不少于7d。养护期间，禁止上人走动或进行其他操作活动，以免损伤面层。

(2) 随捣随抹面层

随捣随抹面层施工，其现浇混凝土楼（地）板的基层和面层是一次成活的，即在混凝土楼地面浇筑完毕，表面稍收水后，马上进行抹平压光，直至达到设计要求。这种做法，可以省去事后抹面层的一道工序，而且质量也易保证。随捣随抹面层施工与水泥砂浆面层的施工方法基本相同，施工时应注意以下两个方面：

1）混凝土浇捣

混凝土浇捣时，一定要使表面按墙周围水平线和中间水平标志找平，用2m长刮尺刮平，用木拍或滚筒拍实或压实，将水泥浆振出。面积较大、混凝土较厚的地面应用平板振捣器振捣。如果混凝土振捣后，表面局部缺浆，可在表面略加适量的1:2水泥砂浆进行抹平压光，但不允许撒干水泥，也要杜绝本来表面已泛浆还普遍加水泥砂浆的做法。要尽量做到随捣随抹，不加水泥砂浆。随捣随抹面层的施工缝处理，应在混凝土抗压强度达到1.2MPa后，再继续浇筑混凝土和进行随捣随抹。

2）压光

混凝土浇捣完后，再用2m刮尺刮平，随刮随将个别大的石头挑出，将局部缺浆处均匀撒铺水泥：砂 = 1:1.5 干灰砂（砂子用5mm孔径筛子过筛）一层，厚约5mm，待干灰砂吸水湿透后用刮尺刮平，随即用木抹子搓平，紧接着用铁抹子将面层的凹坑，砂眼和脚印压平、抹光。待第一遍压光吸水后，用铁抹子按先里后外的顺序进行第二次压光。第三遍压光应在水泥终凝前完成，常温下一般不应超过3～5h，抹子抹上去以不留痕迹为宜。抹压时要用力，将抹子纹痕抹平压光，如压不光可用软毛刷沾少许水抹压。

随捣随抹面层的养护和成品保护，与水泥砂浆面层方法及要求相同。

二、涂料地面施工

1. 过氯乙烯水泥地面涂料

过氯乙烯水泥地面涂料是以过氯乙烯树脂（含氯量61%～65%）为基料，掺入一定量的增塑剂、填料、颜料、稳定剂等辅料，经混炼、塑化、切片、溶解、过滤等工艺过程而配制成的一种溶剂型地面涂料。它具有一定的抗冲击、耐磨、耐水、耐腐蚀和防霉等性能，而且色彩丰富、施工方便、涂膜干燥快、不起沙尘、易于保持清洁，适用于住宅建筑、实验室以及某些对地面要求清洁而人流不大的车间或仓库。

过氯乙烯水泥地面施工时，要求地面基层干燥、平整、清洁。新施工的水泥地面必须待地面充分干燥，含水率小于6%后才能施工。地面上浮灰、残渣必须用钢丝刷清除干净。若表面沾有油渍或其他污染物，则应用相应溶剂擦洗，并用水冲净，待充分干燥后才能涂刷涂料。

施工时在已清理干净和干燥的水泥地面上，先涂刷过氯乙烯地面涂料一遍，隔天再用过氯乙烯地面涂料掺入水泥组成填嵌腻子［配合比为面涂料∶石膏粉∶水＝100∶(80～100)∶(8～10)］批刮。先将水泥地面上的裂缝、孔洞嵌填密实，待干燥后再满批刮腻子2～3遍，每刮一遍腻子，干后即用砂纸打磨平整，灰尘扫净后再批刮下一遍腻子，后一遍腻子应与前一遍腻子批刮方向交叉。待最后一遍腻子干燥、打磨、清扫后即可涂刷面涂料，面涂料一般涂刷2～3遍成活，第一遍面涂料完全干燥后，经砂纸打磨、清扫干净，才能涂刷第二遍涂料。涂刷完成后，在空气流通情况下养护6～8d，打蜡后即可使用。

2. 苯乙烯地面涂料

苯乙烯地面涂料是以苯乙烯焦油为主要成膜物质，经选择、熬炼处理，加入填料、颜料、有机溶剂等原料配制而成的溶剂型地面涂料。它具有一定的耐水、耐磨、耐酸、耐碱性能，与水泥地面的粘结力较强，涂刷后不易铲除，而且涂膜干燥快，随溶剂的挥发而结膜，施工操作方便，价格特别低廉。适用于住宅、医院病房及化工车间、电子仪表车间等地面。但因苯乙烯焦油涂料带有特殊气味，又由于近年来焦油原料减少，加之水性地面涂料的发展，该涂料已较少使用。

苯乙烯地面涂料施工方法与过氯乙烯水泥地面涂料施工方法

相同。施工中采用苯乙烯焦油清漆与熟石灰粉配制的腻子进行批刮，待满批腻子干燥厚，再均匀涂刷面涂料 2~3 遍，每遍间隔时间 24h 左右。若发现涂料粘度变稠时，可适当加入二甲苯、松节油等溶剂稀释，但不能用松香水或汽油代替。

3. 环氧树脂地面厚质涂料

环氧树脂地面厚质涂料是以环氧树脂为主要成膜物质的双组分常温下固化型涂料，具有良好的耐油、耐水、耐磨、耐化学腐蚀等性能。涂层与基层的粘结力强，而且收缩率小，能充分适应收缩变形的需要，广泛应用于室内地面装饰，但该涂料施工操作较复杂，成本较高。环氧树脂地面厚质涂料的施工工艺包括基层处理、刷底涂料、批嵌腻子、涂中层环氧树脂厚质涂料（2~3 遍）、刷面涂料（1~2 遍）及罩光清漆等六道工序。

在清洁、干燥的基层上先将加入固化剂的树脂清溶液用力满刮一遍，隔日将甲、乙料加入滑石粉填料调配成稠的腻子，把基层上的小孔眼或裂缝添嵌补平，然后再把调制的双组分胶液倒在待施工的地面上，用刮板一下一下平稳地摊开刮平，切忌往返来回次数太多，以免产生气泡，影响涂层质量。涂层厚度控制在 1mm 以内，涂刷前可先在地面上用粉笔画好方格，每格 $1m^2$，通常由室内退着向门口的方向涂刷。为提高表面的光洁度，增加耐磨性，将面涂料清理干净后，再涂一遍罩面清漆，净置固化 7d 以上，交付使用时还应打蜡出亮。

施工时注意甲、乙组分应按施工要求称量准确，充分拌和均匀，净置存放 30~60min 再涂刷，一次配料不宜太多，应当天配制，当天用完。

4. 聚乙烯醇缩甲醇水泥地面涂料

聚乙烯醇缩甲醇水泥地面涂料又称“777 水性地面涂料”，是以水溶性聚乙烯醇甲醛胶为主要成膜物质，加入一定量的水泥和氯化铁（系颜料）配制而成的一种厚质涂料。具有无毒、耐热、耐磨、耐水等性能，涂层与基层粘结牢固、不易褪色，保护得好，使用寿命较长，表面有类似席纹地板质感，价廉物美，适用于民用住宅、会议室、办公室等地面装饰。

聚乙烯醇缩甲醛水泥地面涂料的施工工艺包括基层处理、刮涂聚合物水泥地面涂料（3~4遍）、砂纸打磨、弹线画格、刷照面涂料和上蜡擦亮等六道工序。

施工时首先将基层表面的落地灰砂、油渍和垃圾清除干净。凹陷或大的裂缝用掺108胶的水泥砂浆嵌平，用0号砂纸打磨一遍后，再用清水冲洗、晾干，并要求基层坚硬、平整。

将配置好的水泥涂料浆倒在已处理好的基层上，用刮板均匀摊平涂刷，每遍涂层厚度约0.5mm，待前一遍涂层稍干后即可涂刮下一遍，间隔时间一般不少于2h，前后两次应纵横交错涂刮，一般涂刮3~4遍。第1~2遍主要起找平作用，满刮盖底；第3~4遍起装饰作用，要求平整光滑。最后一遍涂刷完后，隔天用0号砂纸磨平，打磨后的灰尘应随手打扫干净。若需美化，可按设计图案划缝格，缝格深浅一致、宽窄相同。

为提高地面涂层表面的耐磨性和光洁度，需涂刷罩面涂料2遍，要求涂刷均匀、厚薄一致。方法是先直刷后横刷，最后按房间长度方向理直。待涂料干燥后，先用干净的软布蘸地板蜡，轻轻地在地面上满擦一遍，最后用油漆刷子刷带色的地板蜡一层，晾干后用打蜡机抛光出来，使地面光洁照人。

5. 聚醋酸乙烯聚合物水泥地面涂料

聚醋酸乙烯聚合物水泥地面涂料是由聚醋酸乙烯乳液、普通硅酸盐水泥及颜料、填料配制而成的一种地面涂料。具有耐磨、抗冲击、耐水、无毒等性能，是一种可用于新旧水泥地面装饰的新型水性地面涂料，适用于民用住宅室内地面装饰，也可取代塑料地板或水磨石地面，常用于实验室或仪器装配车间等地面。

聚醋酸乙烯聚合物水泥地面涂料的施工方法与聚乙烯醇缩甲醛水泥地面涂料施工方法基本相同。为保证涂料与基层间的粘结强度，应特别注意涂料的水灰比，要求水灰比不大于0.5。施工时尽可能控制在0.45以下。涂层厚度宜控制在0.8~1mm。

三、石材地面施工

1．施工准备

（1）基层处理。板块地面铺贴前，应先挂线检查楼地面垫层的平整度，然后清扫基层并用水冲刷净。如果是光滑的钢筋混凝土楼面应凿毛，凿毛深度一般为5～10mm，间距为30mm左右。基层表面应提前1d浇水湿润。

（2）找规矩。根据设计要求，确定平面标高位置，水泥砂浆结合层的厚度应控制在10～15mm，沥青玛蹄脂结合层的厚度应控制在2～5mm。平面标高确定之后，在相应的立面墙上弹线。再根据板块的分块情况挂线找中，即在房间地面取中点，拉十字线。与走廊相通的门口外，要与走廊地面拉通线，块板布置要以十字线对称。若室内地面与走廊地面颜色不同，其分界线应安排在门口门扇底部中间处。

（3）试拼。根据标准线确定铺贴顺序和标准块位置。在选定的位置上，按图案、色泽和纹理进行试拼。试拼后按两下方向编号排列，然后按编号码放整齐。

（4）试排。在房间的两个垂直方向，按标准线铺两条干砂，其宽度大于板块。根据设计图要求把板块排好，以便检查板块之间的缝隙。板块间的缝隙如无设计规定时，大理石、花岗石板一般不大于1mm。根据试排结果，在房间主要部位弹上互相垂直的控制线，并引到墙上，用以检查和控制板块的位置。

2．铺贴施工

（1）板块浸水。板块铺贴前应先浸水湿润，阴干后擦去背面浮灰方可使用。这样可以保证面层与结合层粘结牢固，防止出现鼓空和起壳等质量通病，影响工程正常使用。

（2）摊铺水泥砂浆结合层。水泥砂浆结合层又是找平层，应严格控制其稠度，既要保证粘结牢固又要保证平整度。结合层宜采用干硬性水泥砂浆，因干硬性砂浆水分少，强度高，成型早，硬化过程中收缩性小。干硬性水泥砂浆的配合比常用1:1~1:3（体积比），水泥强度等级一般不低于32.5MPa。铺抹时砂浆稠度宜为2~4cm，或手捏成团颠后即散为度。摊铺水泥砂浆结合层前，还应在基层上刷一遍水灰比为0.4~0.5的水泥浆，随刷随摊铺水泥砂浆结合层。待板块试铺合格后，还应在干硬性水泥砂浆上再浇一薄层水泥浆，以保证上下层之间结合牢固。

(3) 铺贴时一般由房间中部向两侧退步法铺贴。凡有柱子的大厅宜先铺柱子与柱子中间部分，然后向两边展开。砂浆铺抹后，用大杠刮平，拍实，用木抹子找平，再进行试铺。试铺的操作程序是：砂浆铺设后，将板块安放在铺设位置上，对好纵横缝，用橡皮锤轻轻敲击板块，使砂浆振实，到达铺设标高后，将板块移至一旁，详细检查砂浆结合层是否平整、密实，如有不实之处应及时补抹，最后浇上一层水灰比为0.4~0.5的水泥浆，才正式进行铺贴。

(4) 对缝及镶条。安放时要将板块四角同时平稳下落，对缝轻敲振实后用水平尺找平。对缝要根据拉出的对缝控制线进行，注意板块尺寸偏差须在1mm以内，否则难以对缝。锤击板块时不要敲砸边角，也不要敲击已经铺贴完毕的板块，以免空鼓。对于要求镶嵌铜条的地面，板块尺寸更要求准确。镶条前，先将相邻的两块板铺贴平整，其拼接间隙略小于镶条宽度，然后向缝隙内灌抹水泥砂浆，灌满后抹平，而后将镶条嵌入，使外露部分略高于板面（手摸稍有凸感为宜）。

(5) 灌缝。对于不设镶条的大理石，花岗石地面，应在铺贴完毕24h以后洒水养护，一般2d后无板块裂缝及空鼓现象，方可进行灌缝。素水泥灌缝应为板缝的2/3高度，溢出的水泥浆须在凝结之前予以清除，再用与板面相同颜色的水泥浆擦缝，待缝内水泥浆凝结后，将面层清理干净，3d内禁止上人走动。

四、地砖地面铺贴施工

1. 施工准备

(1) 基层处理

将基层表面的砂浆、油污、垃圾等清除干净，对光滑的楼面应凿毛。

(2) 材料准备

检查材料的规格尺寸，对于尺寸偏差过大，表面残缺的材料予以剔除，对于表面色泽对比过大的材料不能混用。

2. 铺贴施工

(1) 瓷砖及墙地砖浸水

为避免瓷砖及墙地砖从砂浆中过快吸水而影响粘结强度，在铺贴前应在水中充分浸泡，一般为2~3h，然后阴干备用。

(2) 铺抹结合层砂浆

基层处理完后，在铺抹结合层砂浆前应提前1d浇水湿润，而后做结合层，一般做法是摊铺一层厚度小于10mm的1:3.5水泥砂浆。

(3) 弹线定位

根据设计要求的地面标高线和平面位置线，在墙面标高点上拉出地面标高线及垂直交叉定位线。

(4) 设置标准高度面

根据墙面标高线以及垂直交叉定位线，在定位线的位置上铺贴瓷砖、地砖。铺贴时用1:2水泥砂浆摊抹在瓷砖、地砖背面，再将瓷砖、地砖铺贴在地面上，用橡皮锤敲实，并且标高与地面标高线吻合。每贴8块砖用水平尺检校一次。铺贴的程序对于小房间来说，一般做成丁字形标准高度面，对于房间面积较大时，通常按房间中心做十字形标准高度面，以便多人同时施工。有地漏和排水孔的部位应做放射状标筋，坡度一般为0.5%~1.0%。

(5) 大面铺贴

铺贴时以铺好的标准高度面为基准进行，紧靠标准高度面向外延伸，并用拉出的对缝控制线使对缝平直。铺贴时水泥砂浆应饱满地抹于瓷砖背面，橡皮锤敲实。边铺边用水平尺检校。整幅地面铺贴完毕后，养护2d再进行抹缝施工。抹缝时，将白水泥调成干性团在缝隙上擦抹，使缝内填满白水泥，最后将地面擦净。

五、木质地面施工

1. 空铺式木地板基层施工

（1）基层施工

在无需地垄墙或砖墩加高地板面而只设木搁栅的地板构造，其木框架搁栅可直接固定于混凝土楼面及水泥地面。

1）楼地面处理

首先，检查楼地面的平整度，如果其平整度误差大于5mm，须用水泥砂浆做找平层。然后，在处理平整的楼地面上刷涂两遍防水涂料，或者是涂刷两道乳化沥青。

2）木搁栅的框架组装

直接固定于楼地面的搁栅木方，可采用截面尺寸为30mm×40mm或40mm×50mm的木方。组成木框架的木方条为统一规格，无需主次之分。其连接方式多是采用半槽扣接，在纵横木方扣接处涂胶加钉进行固定。

3）木框架与地面的固定

对于低架空铺的地板搁栅与地面的连结固定，较常采用的是埋木楔的方法。用ϕ16的冲击钻在水泥地面或楼板面上钻孔，洞孔深度为40mm左右，钻孔的位置应在事先弹出的木框架位置线上，每两孔的间距约为0.8m。然后向孔内打入木楔，搁栅木框架与木楔用长钉连结固定。

（2）面层木地板铺设

木地板面层的铺设有钉接式和粘结式两种。

1）钉接式

钉接式木地板面层做法常用于高架空铺式和低架铺式的面层

及其基面毛地板的铺设，形式有条形地板和拼花硬木地板。

① 条形木地板面层的铺钉

单层木地板面层，其顶面要刨平，侧面带企口，板宽不大于120mm。地板应与木搁栅垂直铺钉，并要顺进门方向。接缝均应在木搁栅中心部位，且应间隔错开，板与板之间仅允许个别地方有空隙，其宽度不应大于1mm。如为硬木长条形地板，个别地方缝隙宽度不得大于0.5mm。木板的材心应朝上，边材应朝下铺钉。木地板面层与墙之间应留10~20mm的缝隙，以后逐块排紧铺钉，缝隙不得超过1mm。圆钉的长度应为木板厚的2~2.5倍，圆钉帽要砸扁，钉从板的侧边凹角处斜向钉入。板与搁栅相交处至少着钉一颗。木板的排紧方法，一般可在木搁栅上钉一颗扒钉，在扒钉与板之间夹一对硬木楔，打紧硬木楔可使木板排紧。钉到最后一块，因无法斜向着钉，可用明铺钉牢。钉帽要砸扁，钉入板内3~5mm。采用硬木地板时，铺钉前应先钻孔，一般孔径为圆钉直径的0.7~0.8倍。

企口板铺完之后，清扫干净。先按垂直木纹方向粗刨一遍，再按顺木纹方向细刨一遍，然后磨光。刨磨的总厚度不宜超过1.5mm，并应无痕迹。已刨磨的木地板面层，在室内喷浆或贴墙纸时应采取防潮、防污染的保护措施。油漆和上蜡工作应待室内一切施工完毕后进行，完工后随即锁门。

双层木地板面层的上层也应采用宽度不大于120mm的企口板。为防止在使用中发生过大影响及受潮气侵蚀，铺钉前应先铺设一层沥青油纸或油毡。

双层木地板的下层毛地板，其宽度不大于120mm。铺设时必须清除毛地板下空间内的刨花等杂物。毛地板应与木搁栅成30°或45°斜向钉牢，板间的缝隙不应大于3mm，以免起鼓。毛地板和墙之间应留10~20mm的缝隙，每块毛地板应在其下的每根木搁栅上各用两个钉固结，钉的长度应为板厚的2.5倍。

② 拼花木地板面层的铺钉

钉接式拼花木地板面层应铺钉于毛地板上，其毛地板材料作为铺钉面板的基层板（或称基面板），可以用实木板，也可选用厚胶合板或刨花板等板材，由设计及现场情况确定。无论使用何种板材作毛地板，重要的一点是保证牢固地铺钉于木搁栅框架的木方中线上，否则必须按木搁栅分档尺寸准确锯裁。每两块或每两条毛地板（如采用厚胶合板或刨花板时多为方块形或矩形板块，原木板多为板条）均应在木搁栅木方的中线上对缝，但钉位要错开。

硬木拼花面板可拼成多种图案，其成品单块企口板可于现场自行拼花，有的是生产厂已按拼花单元事先拼联，现场铺设时组装对拼为整体图案地面。

a. 弹线排布。拼花木地板面层铺钉之前，为使图案匀称，应按设计要求进行试拼试排并进行弹线，进而保证板块的规格相符，边角齐整对称。阶梯式花纹的弹线较为简单，只需在毛地板面上弹出条形走向线即可。每条线的间隔可以是一条木地板的宽度尺寸，也可以是两条木地板的宽度尺寸。方格形拼花图案的排板方式有两种：一种是接缝与墙面呈45°角，另一种是接缝与墙面平行的排布形式。在弹线时以房间地面的中心点为中心，弹出相互垂直的两条定位线。定位线与墙面呈45°角时，可铺排出成斜向的木地板花纹。定位线与墙面平行时，就可铺排出平行的花纹。如果相邻房间的地板颜色不同时，其分色线应设在门洞踩口处或在门扇中间。

人字形图案的木地板，在弹线时，首先确定板条的斜向角度，以便于板端的严密拼接，一般是采用与墙面呈45°角的斜向。

b. 圈边处理。拼花木地板的边部，可设圈边，也可不设圈边，由设计决定。

c. 铺钉操作。使用圆钉钉接时，应按木工操作工艺将钉帽砸扁，从地板块的凹角处斜向钉入。如果板块过硬，宜用手电钻斜向钻直径小于圆钉的孔，以防止将板块钉裂。具体的操作方法，与上述条形木地板的做法相同。

2）粘结式

粘结式木地板面层，多用于实铺式，即将拼花硬木地板块直接粘贴于楼地面。

① 基层要求

粘结式拼花木地板面层在铺贴于混凝土基层时，应是采用随捣随抹的方法，或用水泥砂浆找平抹光，其施工做法参见水泥地面。基层表面应平整、洁净、干燥、不起砂，以2m直尺检查的允许空隙不得大于2mm。同时，应按上述采取掺加防水剂或108胶进行基层找平处理的方法，对于直接粘铺木地板的基层应注意防潮问题。

② 拼缝形式

拼花木地板的拼缝形式，如系选购的成品板块，即按其棱边企口拼接。如果采用硬质木材自制，其拼缝多采用截口接缝或平头接缝两种形式。平头接缝施工简便，更为适合以沥青胶结料或胶粘剂铺贴。

③ 弹线预排

拼花木地板面层铺贴前，应根据设计图案和现场尺寸弹线。其施工线的布置及弹施工线的方法，与上述钉接式拼花地板相同。拼花地板一般是在地面弹出垂直交叉的棋格线，放线起始应是房间纵横中心，由中心向四边画出，线迹要清晰，尺寸要准确，镶贴的四周所宽出的尺寸应均匀一致。边框（圈边）的宽度应按照房间的用途和规模等因素考虑，一般是150～200mm。根据房间尺寸及边框线尺寸，计算出所需地板料的块数。如为单数，则房间十字中心线与中间一块拼花地板的十字中心线应相吻合；如为双数，则房间十字中心线应与中间四块地板料的十字拼缝线相吻合。弹线后的试排，目的是检查地板面层的拼缝高低、平整度、对缝及材质颜色变化等方面的情况。经反复调整符合要求后进行编号，施工时按编号从房间中央向四周顺序铺贴。

④ 粘贴施工

用胶粘剂铺贴拼花木地板面层时，应将基层表面清扫干净，然后按前述沥青玛蹄脂铺贴时弹线的方法，弹出施工线。用干净棉纱或布将缔表面灰尘揩净，用鬃刷涂刷一层薄而均匀的底子胶。底子胶应采用原胶粘剂配制，如采用非水溶性胶粘剂，应按原胶粘剂重量加10%的65号汽油和10%的醋酸乙酯（或乙酸乙酯）。搅拌均匀即成底子胶。如采用水溶性胶粘剂时，应用原胶粘剂加适量的水性溶剂搅拌均匀而制成底子胶。

底子胶涂刷并待其干燥后，按施工线位置沿轴线由中央向四周铺贴。其方法是按预排编号顺序在基层上涂刷一层厚约1mm的胶粘剂，再在木地板背面涂刷一层厚约0.5mm的胶粘剂，待所涂胶粘剂不粘手时（常温下约5min），即可铺贴。粘贴时要使木地板呈水平状态就位，同时用力与相邻木地板挤压严密无缝隙。

当前，可用于粘贴木地板的胶粘剂很多，可根据实际需要选择，如专用的木地板胶水（进口产品称黑金刚胶，稀释剂用可用90号汽油）、万能胶（用天那水稀释），以及上述白乳胶等各种胶粘剂。如采用108胶、白乳液等常用材料，其具体做法是：先用白乳胶或801胶在水泥楼地面涂刷一遍，然后将108胶（或白乳胶、801胶、SG792胶）与水泥以7:3左右的重量比例调配均匀即倾倒于基层上，用橡胶刮板均匀铺开，厚度为5mm左右，随即在木地板背面也均匀满涂，而后按位置铺贴，用小锤轻敲平整。木地板块与块之间应留0.3~0.4mm的间隙，以显示拼缝纹样并使板材有伸缩余地，切忌排列过紧或是硬挤硬敲，以避免板材成片拱起而导致返工。如果是在夏季施工，可在胶粘剂内适当掺加缓凝剂。冬期施工则适量掺入促凝剂，但施工时的环境温度不得低于10℃。

每铺完一行，应在地面弹线修正一次。铺好几行板后，要及时在板面适当洒水，这样做可以使地板块料达到两面湿润（其背面因有胶粘剂而已受潮湿），使其有均匀的膨胀（有终饰的木地板不要洒水，施工到此结束，无终饰的木地板还要进行以下施工过程）。

⑤ 揭纸

对于带有护面牛皮纸的部分成品拼花木地板，待粘贴固定后，需将木地板面湿擦一次，可用拖布湿拖，以润湿纸面而不见明水为度，湿后30min即可将其护面纸揭掉。

⑥ 刨平

粘结后的拼花硬木地板面层，一般需要进行刨平刨光。采用沥青玛蹄脂粘贴的木地板，须待其粘结层的沥青胶凝结硬固之后，采用其他胶粘剂粘贴的木地板，应在常温下保养5~7d，方可进行刨平。使用电动刨刨削地板面层时，其滚刨方向应与木板条成45°角斜刨。推刨时不宜行走过快，也不得在一个部位行走过缓或停滞（停留前应及时关机），防止慢速啃咬地板面。如采用手工刨削时须注意顺木纹方向，避免撕裂木纤维而损坏板面平整。刨平操作时，不可一遍刨削过深，应分多遍逐渐消除板块高差和刨光。拼花木地板面层在刨平工序所刨去的厚度，不宜大于1.5mm，并应不显刨痕。

⑦ 磨光

木地板面层刨平刨光后，需再用磨光机具进一步磨光，以达到油漆饰面的平整和光滑度要求。

2. 强化复合木地板施工

(1) 弹线

根据设计在毛地板上弹出施工控制线，并在周边墙上弹出木地板标高线。

(2) 铺强化木地板

首先将毛地板表面清理干净，然后将强化木地板实铺于毛地板上。凡等长或不等长地板条错位铺装时，可从一边墙根开始并用木块在墙根所留镶边空隙处将地板条顶住，依次顺序向前铺装，直至铺到对面墙根。同样用木块顶住，将开始一边用木块楔紧。待安装镶边时再将两边木块取掉。强化木地板开有严密企口，不需另外加工，并不需与毛地板钉牢或粘牢，只需按企口拼装于毛地板上四周顶紧即可（周边木地板应与毛地板钉牢）。

(3）镶边

铺装完毕并检查合格后，将一边预留的镶边空隙内的楔紧木块取下，将镶边材料镶入，把木地板撑紧并用胶粘剂将镶边材料与毛地板粘牢。

(4）清理强化木地板表面

因为强化木地板表面无须刨光、上漆、打蜡，只需打扫干净即可。

问 题 索 引

参 考 文 献

1. 湖南大学等编. 土木工程材料. 北京：中国建筑工业出版社，2002.

2. 宓永宁，娄宗科等编. 土木工程材料. 北京：中国农业大学出版社，2004.

3. 侯云芬编著. 建筑装饰材料. 北京：中国水利水电出版社，知识产权出版社，2006.

4. 孟志良，李宏斌等编. 建筑材料. 北京：科学出版社，2002.

5. 李继业等编. 道路建筑材料. 北京：科学出版社，2004.

6. 中国建筑材料科学研究院编. 绿色建材及建材绿色化. 北京：化学工业出版社，2003.

7. 李继业主编. 建筑施工技术. 北京：科学出版社，2001

8. 程绪楷主编. 建筑施工技术. 北京：化学工业出版社，2001.

9. 卢循主编. 建筑施工技术. 北京：中国建筑工业出版社，1997.

10. 张厚先，王志清主编. 建筑施工技术. 北京：机械工业出版社，2003.

11. 科学技术部中国农村技术开发中心编. 新型农村住宅设计与建筑材料. 北京：中国农业科学技术出版社，2007.

12. 顾建平主编. 建筑装饰施工技术. 天津：天津科学技术出版社，2006.

13. 王海平主编. 建筑装饰装修工程施工与验收手册. 北京：中国建筑工业出版社，2007.

14. 中华人民共和国国家标准，建筑装饰装修工程质量验收规范（GB 50210—2001）. 北京：中国建筑工业出版社，2002.

15. 刘念华主编. 建筑装饰施工技术. 北京：科学出版社，2002.